LE PAVILLON FORESTIER

DU TROCADÉRO

A L'EXPOSITION UNIVERSELLE DE 1889

PAR

C. DE KIRWAN

SUIVI

DE NOTES BIBLIOGRAPHIQUES

Extrait de la *Revue des questions scientifiques*, octobre 1889.

BRUXELLES
IMPRIMERIE POLLEUNIS, CEUTERICK ET DE SMET
35, RUE DES URSULINES, 35

1889

LE PAVILLON FORESTIER

DU TROCADÉRO

A L'EXPOSITION UNIVERSELLE

PAR

C. DE KIRWAN

Extrait de la *Revue des questions scientifiques*, octobre 1889.

BRUXELLES
IMPRIMERIE POLLEUNIS, CEUTERICK ET DE SMET
35, RUE DES URSULINES, 35

1889

LE PAVILLON FORESTIER

DU TROCADÉRO

A L'EXPOSITION UNIVERSELLE

I

APERÇU HISTORIQUE SUR LES EXPOSITIONS FORESTIÈRES ANTÉRIEURES.

Comme les livres, les expositions ont leurs destinées : *habent sua fata*. Cela semble surtout vrai pour les expositions forestières, si nous désignons ainsi celles qui sont organisées par l'initiative et les soins du service public des Forêts.

Lors de la première Exposition universelle qui eut lieu en France, celle de 1855, il n'y eut ni chalet, ni pavillon forestier, ni collection technique d'aucune sorte exposée par l'Administration. Ce n'est point qu'on n'y eût pas pensé. Mais à quoi peut servir une exposition universelle des produits forestiers ? s'était-on demandé ; de quelle utilité cela peut-il être (1) ? Et l'on avait conclu que les frais qui seraient faits à ce sujet ne devant pas représenter

(1) Cf. *Annales forestières*, année 1855, p. 230.

un équivalent service rendu, il n'y avait pas lieu d'effectuer cette dépense. Il n'y eut donc, en 1855, en matière d'exposition forestière, que les collections de bois exotiques fournies séparément par diverses colonies étrangères de l'Australie, du Sud-Africain et de l'Amérique, jalouses de faire connaître les produits de leur sol. Mais ces collections, isolées les unes des autres, sans lien entre elles, sans plan préconçu, le plus souvent sans méthode bien accusée, formaient sans doute des « exhibitions » de bois étrangers ; elles ne constituaient pas, à proprement parler, une exposition forestière.

Et cela constituait une lacune.

On s'en plaignit.

« Imaginons, fut-il fait observer, qu'on eût réuni au Palais de l'Industrie des échantillons de toutes les espèces d'arbres forestiers, avec les feuilles, les fleurs et les fruits; qu'on y eût joint une notice indiquant la provenance des bois, l'étendue approximative des massifs dans lesquels on les aurait pris, leur utilité dans les arts, leurs prix de revient ; qu'on eût accompagné ces collections de spécimens de tous les objets fabriqués en forêt et des modèles des divers instruments de culture et d'exploitation sylvicole : n'est-il pas vrai qu'un étalage de ce genre eût été d'un bon effet, qu'il eût donné une idée utile du rôle que joue le bois dans le mouvement social ; qu'il eût été avantageux pour l'industrie et le commerce, en leur indiquant des éléments d'action dont ils ignorent peut-être l'existence ; qu'il eût permis enfin de résoudre bien des questions controversées de botanique forestière (1) ? »

Ces réflexions furent sans doute une semence qui germa dans les esprits et fut féconde. Dès 1860, à l'occasion d'un important concours national d'agriculture, l'École de Nancy, sinon l'Administration forestière elle-même, fut honorablement représentée par une exposition qui excita

(1) *Loc. cit.*, même année, même page.

la curiosité et attira l'attention bienveillante des visiteurs: collection de tous les bois indigènes en échantillons ingénieusement disposés pour l'étude ; pièces de bois de marine rangées autour d'un modèle démontable d'un vaisseau de l'État ; instruments et outils employés tant pour la culture et la gestion que pour l'exploitation des bois ; enfin magnifiques cartes forestière et géologique comparées de la France, composaient un ensemble qui provoqua l'examen approfondi et les éloges de nombre de professeurs, d'ingénieurs et de savants, parmi lesquels on peut citer des noms comme J.-B. Dumas, Brongniart, Milne-Edwards (1).

La province ne tarda pas, à l'occasion des concours agricoles régionaux ou d'horticulture, à suivre cet exemple. Niort, Nice et Ajaccio, en mai 1865, Mende en mai 1866 et Troyes au mois de septembre de la même année, eurent leurs expositions forestières locales. On agissait de même à l'étranger ; et dans d'importants congrès agronomiques qui eurent lieu à Cologne en mai 1865, et à Vienne au même mois de l'année suivante, une place importante fut occupée par la sylviculture et tout ce qui se rattache à l'art forestier. Aussi dès que l'on commença à préparer en France l'Exposition universelle de 1867, fut-il sans hésitation décidé que l'Administration des forêts y prendrait part.

La coopération de ce corps administratif fut assurée par le concours de M. Mathieu, le savant naturaliste, alors sous-directeur à l'École de Nancy, qui avait brillamment coopéré déjà à l'Exposition de 1860, et de M. le conservateur des forêts de Gayffier, alors sous-chef à la Direction générale. C'était la reproduction amplifiée et accrue de ce qui avait paru aux yeux du public plus spécial et plus restreint du concours national d'agriculture. Mais un élément nouveau et important y avait été ajouté : l'œuvre de

(1) *Loc. cit.*, année 1860, p. 252. Article signé : *G. Serval.*

l'extinction des torrents et du reboisement des montagnes avait été décrétée par les lois des 28 juillet 1860 et 20 juin 1864, et l'exposé des périmètres à restaurer et des travaux déjà entrepris était représenté, dans l'exposition forestière, sous les divers aspects de cartes, vues, plans en reliefs, etc.

Toutefois, noyée dans les vastes proportions de l'ensemble, un peu perdue dans une salle que rien de bien saillant ne distinguait des salles voisines, cette exposition, d'un caractère à peu près exclusivement scientifique, fut peut-être moins remarquée qu'elle ne méritait de l'être, de la part d'un public aussi mêlé et aussi cosmopolite que celui d'une exposition universelle. Sans doute elle recueillit les suffrages des gens du métier et des hommes de science et d'étude ; mais si elle ne passa pas à peu près inaperçue pour le gros de la foule, du moins ne fut-elle remarquée qu'à l'égal des autres collections de produits ou d'objets forestiers fournis par les particuliers ou par les autres nations exposantes. Elle le fut assez cependant pour que la tradition nouvelle de la participation des forêts et de la sylviculture aux expositions et concours agricoles s'en trouvât affermie. Et c'est à la Belgique que revient l'honneur de l'avoir continuée.

La Société agricole de Namur crut devoir ajouter, à son exposition quinquennale d'août 1869, une section de sylviculture, et devenir par là *forestière* en même temps qu'agricole. Les forestiers français furent confraternellement admis à prendre part à ce concours ; plusieurs y furent l'objet de flatteuses récompenses ; et, comme il arrive toujours aux Français qui visitent la Belgique, tous rapportèrent de l'hospitalité belge le plus cordial et le plus affectueux souvenir (1).

En mai 1870, le concours régional de Clermont-Ferrand eut aussi son exposition forestière, dont l'objet principal

(1) Cf. *Revue des eaux et forêts*, année 1869, pp. 361 et suiv.

était de mettre en relief les résultats des importantes opérations de reboisement exécutées dans le Puy-de-Dôme par le service forestier, grâce au concours éclairé du Conseil général et de la Société d'Agriculture de ce département.

Les douloureux événements qui marquèrent la fin de l'année 1870 et les premiers mois de 1871 apportèrent fatalement un certain ralentissement à cette branche de l'activité comme à toutes les autres. Mais en 1873, une nouvelle Exposition universelle fut organisée à Vienne, et la sylviculture y tint une large place. Non seulement une brillante — on pourrait dire une imposante — exposition forestière y fut installée par les soins des administrations des divers pays du vaste empire austro-hongrois, principalement de l'administration hongroise ; mais de plus, un congrès agricole et forestier international y fut institué et y fonctionna du 19 au 24 septembre. Le savant M. Mathieu avait été chargé d'y représenter l'Administration des forêts française. Nous n'avons pas à nous en entretenir ici. D'ailleurs M. Mathieu en a publié un compte rendu détaillé et très complet, en une série d'articles de la *Revue des Eaux et Forêts* (1), où l'on peut les consulter.

Ces solennités forestières eurent, dès l'année suivante, sur une échelle beaucoup plus modeste, à la vérité, un heureux contre-coup en France. La sylviculture y fut représentée, en 1874, à une exposition horticole organisée à Corbeil par le département de Seine-et-Oise, et aux concours régionaux d'Auxerre et de Mende ; en 1876 à Gap, où, dit la *Revue* déjà citée, « l'intérêt du concours régional se concentrait principalement sur l'exposition que le service forestier y avait installée dans un élégant chalet (2) » ; en 1877, d'une façon plus brillante encore, bien qu'à un point de vue différent, au concours régional des départements du nord réuni à Compiègne.

(1) Livraisons de mai, juin, juillet, août et septembre 1874 ; soit t. XIII, pp. 145, 193, 233, 273 et 313.
(2) Année 1876 (juillet), p. 251.

Enfin 1878 vit la troisième Exposition universelle française. Cette fois, ce n'était plus dans une salle toute semblable aux autres salles que l'on installait la partie de l'exposition forestière capable d'attirer l'attention et de captiver l'intérêt du grand public. On avait construit sur les pentes du Trocadéro, à main droite en tournant le dos à la Seine, un vaste et élégant chalet entouré d'une sorte de jardin forestier rempli de jeunes arbres verts tant indigènes qu'exotiques. De légères colonnettes en bois finement équarri soutenaient les auvents de la toiture. Tout était en bois travaillé dans cette construction; seule une annexe destinée au logement des gardes et aux appareils des *fruitières* (fromageries) était en bois brut. Le bâtiment principal était en bois et disposé dans le style des chalets suisses. Là, les collections pittoresquement disposées; les plans-reliefs de forêts en montagne, de torrents et ravins avant et après les travaux de correction; les *fac-simile* des dunes de l'ouest et des travaux de leur fixation par des semis forestiers; les peintures, les vues photographiques; les panoplies d'outils et d'objets en bois ouvré; les têtes de cerfs, de loups, de sangliers, de chevreuils, et mille autres objets étaient disposés avec un art merveilleux pour frapper le regard et exciter la curiosité.

Le succès fut immense. La foule se succédait sans interruption au *Chalet forestier*, tandis que la salle du Champ-de-Mars, voisine de l'avenue Rapp, plus spécialement affectée à la partie technique et scientifique de l'exposition sous cette rubrique : *Groupe V, Classe 44, Produits des exploitations et des industries forestières,* n'attirait guère qu'un public spécial et restreint. Nous avons assez longuement rendu compte, en son temps, de l'art forestier et de ses produits à l'Exposition universelle de 1878 (1), pour qu'il n'y ait pas lieu de nous y étendre de nouveau. Mais il était utile d'en rappeler le souvenir, en raison de l'élan

(1) *Rev. des quest. scient.*, tome IV, pp. 513 et suiv., et tome V, pp. 155 et suiv., livraisons d'octobre 1878 et de janvier 1879.

beaucoup plus prononcé qui ne tarda pas à s'ensuivre dans la plupart des expositions locales ultérieures. Le public avait pris goût à ce genre d' « exhibition » ; et bientôt il n'y eut plus pour ainsi dire, dans tout centre quelque peu forestier, de concours agricole possible, de solennité horticole acceptable, sans que l'éclat en fût rehaussé par une exposition forestière.

Évreux, dans son concours régional d'agriculture, Bourges, dans une exposition horticole annexée au concours, eurent, en 1879, chacun un étalage des produits naturels ou mis en œuvre du sol forestier, réminiscences en petit de l'exposition de l'année précédente à Paris.

En 1880, ce fut lors des concours régionaux de Bar-le-Duc, de Besançon (mai et juin), du Mans, de Nevers et de Clermont-Ferrand (août et septembre), que l'opinion voulut voir accroître l'attrait de ces fêtes de l'agriculture par l'adjonction d'un « chalet forestier ». Nous avons eu occasion de raconter en détail, dans la *Revue des questions scientifiques,* — sous cette signature anonyme : « Un ami des forêts », — ce que fut alors l'exposition forestière de cette dernière ville (1).

Alger (avril), Annecy et Pau (mai et juin), eurent officiellement, en 1881, une section de sylviculture à leurs concours régionaux. Épinal, Nîmes et Tours en eurent aussi, mais comme annexes à des expositions industrielles ou horticoles organisées à cette occasion.

Il en fut de même, en 1882, à Niort, en 1883, à Blois, à Foix et à Troyes, tandis qu'Aubenas (Ardèche), Auxerre et Draguignan en la première de ces deux années, Digne en la seconde, produisaient leurs expositions forestières comme parties intégrantes des concours agricoles auxquels elles étaient annexées. Celle d'Auxerre, avec son chalet tout revêtu à l'extérieur de bois bruts de diverses couleurs et entouré de rocailles et de plantations d'arbres

(1) *Une exposition forestière improvisée,* dans la Rev. des quest. scient., octobre 1880, tom. VIII, p. 466.

divers, fut particulièrement remarquée, ainsi que celle de Blois, où le traditionnel chalet avait été remplacé avec à propos par le modèle d'un atelier de fendeurs blésois placé sur un terrain mouvementé, planté d'arbres et de gazon et traversé par un cours d'eau.

Ce fut, en 1884, le tour de Gap, du Puy et de Tarbes, officiellement; et, officieusement, de Carcassonne, d'Épernay, d'Orléans et de Rouen.

Mais ce goût pour la mise en scène de la sylviculture dépassait les limites de la France.

La Société d'arboriculture d'Édimbourg organisa en ce sens, cette année-là même, une exposition internationale qui attira un grand concours de concurrents et de public. L'année suivante, ce fut le tour d'Anvers, puis, en 1886, de Buda--Pesth, et enfin de Barcelone, en 1888.

Cependant, sur une échelle moindre, les mises au jour des produits de la culture et des industries forestières suivaient leur cours en France : à Beauvais, à Moulins, à Valence, à Vesoul et surtout à Nancy, en 1885 ; derechef à Bourges et à Clermont-Ferrand, en 1886, ainsi que, pour la première fois, à Chambéry et à Sedan; à Bougie et à Toulouse, en 1887; enfin, en 1888, à Autun et à Épinal.

Ces expositions étaient toutes organisées, en France, par le service forestier, mais presque toujours à la sollicitation du public, soit par la voix des administrations municipales ou départementales, soit par celle de sociétés locales, les unes et les autres offrant ou tout au moins accordant leur concours financier. Ces solennités sylvicoles d'ailleurs se ressemblaient toutes plus ou moins. A l'exception de celle de Blois, installée dans un spécimen d'atelier de fendeurs, et de Toulouse, pour laquelle l'Académie des sciences de cette ville avait gracieusement prêté une de ses salles, c'était toujours dans l'intérieur et autour d'une construction rustique en planches plus ou moins revêtues d'écorces, de mousse, de branchages et de verdure, que les collections étaient disposées. Il y avait même un certain « chalet démontable », dont l'administration centrale envoyait de Paris les pièces à ses agents de province, et qui fut remonté successivement, à des intervalles convenablement espacés, dans plusieurs villes suffisamment distantes les unes des autres. On ne voit pas d'ailleurs, à vrai dire, que ni la science ni l'industrie, en matière forestière, en aient retiré grand profit pratique.

II

PROGRAMME POUR 1889 ET DESCRIPTION DU PAVILLON DES FORÊTS.

Telle était la situation lorsque, l'Exposition universelle de 1889 étant décidée et en voie d'organisation, l'Administration forestière dut se préoccuper de s'y faire représenter convenablement. On n'en était plus, comme aux approches de celle de 1855, à se demander : « De quelle utilité cela peut-il être ? » Utile ou non, ce genre d'exposition étant entré dans les goûts du public, — nous allions dire : dans les mœurs, — se soustraire à donner satisfaction à ce goût eût semblé une désertion, surtout alors que des bruits de mesures désorganisatrices attribuées, à tort ou à raison, à certains ministres de l'Agriculture, semblaient sonner à peu lointain délai le glas funèbre de notre domaine forestier.

Toutefois la tâche était passablement délicate. Car s'il était impossible, dans cette spécialité comme dans la plupart des autres, d'éviter toute répétition, toute redite, du moins fallait-il que l'aspect général ne parût pas être une simple copie plus ou moins amplifiée des innombrables chalets ou constructions rustiques et de leurs collections sylvicoles qui, depuis vingt ou vingt-cinq ans, s'étaient succédé sur tous les points de la France. M. le conservateur de Gayffier, qui s'était déjà si heureusement acquitté de sa tâche dans l'organisation de la partie forestière des expositions universelles de 1867 et surtout de 1879, était tout désigné pour recevoir cette mission. Il fut officiellement délégué à cet effet, sous la présidence de M. l'inspecteur général Sée et avec le concours de MM. René Daubrée et Thil, inspecteurs, et d'un jeune architecte, M. Lucien Leblanc. En outre, M. Demontzey, inspecteur général chargé du service de la restauration des montagnes, eut ultérieurement à s'occuper de la partie de l'exposition relative à cette branche spéciale du service forestier.

Le programme, tel qu'il avait été présenté au Parlement à l'appui de la demande des crédits nécessaires, lesquels furent votés le 18 mai 1888, peut se formuler de la manière suivante :

L'exposition forestière devait présenter un caractère à la fois scientifique et industriel, et comprendre notamment :

Des notices statistiques sur les conditions forestières de chacun des départements de France et d'Algérie;

Un atlas départemental des forêts domaniales et communales;

Des échantillons permettant de suivre le développement de chacune de nos essences forestières, d'étudier ses maladies, ses vices, les insectes qui l'attaquent, d'apprécier enfin ses qualités et ses divers emplois;

Des notices et tableaux sur l'enseignement forestier, les observations météorologiques, les expériences de la station de recherches de l'École forestière, etc. ;

Des procès-verbaux d'aménagement et des plans des principaux massifs forestiers ;

Une carte générale des périmètres de reboisement, accompagnée de reliefs et de vues photographiques des torrents et des travaux ;

Des vues dioramiques destinées à « vulgariser » les travaux de reboisement, etc.

Si l'on se fût conformé exactement au catalogue général de l'Exposition universelle, ces divers sujets, documents et produits eussent été disséminés dans un grand nombre de « classes » (16, 42, 43, 49, 82, etc.). Dès lors la partie forestière de ce vaste ensemble perdait toute unité, chacune de ses spécialités se fondant en quelque sorte da nsl'unité de la classe dont elle ressortissait. On avait d'ailleurs l'exemple de 1878, où la partie purement technique avait été peu remarquée au « Groupe V, Classe 44 », tandis que l'exposition du chalet du Trocadéro avait obtenu un succès constant de curiosité et de vogue.

Il fut donc décidé que l'exposition forestière de France et d'Algérie serait, en 1889, groupée et réunie en un nouveau « chalet », et l'on obtint, à cet effet, du Ministre un emplacement de 3500 mètres situé sur les pentes du Trocadéro, non plus, comme en 1878, à droite, mais à main gauche en sortant du pont d'Iéna.

Tandis que, sur tous les points du territoire, le personnel forestier travaillait à préparer et à réunir les documents et échantillons demandés, M. de Gayffier avait à construire et à disposer le local destiné à les recevoir. Le cas ne laissait pas d'être embarrassant. Comment faire pour que le fameux *chalet* ne ressemblât point par quelque côté à ses innombrables devanciers de Paris et des départements, et conservât cependant le caractère agreste, rustique, exigé par le sujet comme par la couleur locale ? L'habile organisateur eut alors l'heureuse inspiration de remplacer le traditionnel chalet proprement dit, devenu banal, par une sorte de monument grec, mais du style de la plus ancienne époque, de celle où les Doriens, descendant des montagnes boisées de la Thessalie, trouvaient dans les arbres de leurs forêts la première idée de la colonne (*columna*, de *columen*, soutien, support), et la formaient d'abord des troncs de ces mêmes arbres (1).

Sur un tertre, coquettement disposé dans l'emplacement désigné et dont les pentes gazonnées sont plantées, de place en place, de conifères exotiques, s'élève aujourd'hui la construction projetée. Le plan est un vaste parallélogramme rectangle, d'une longueur de quarante-deux mètres sur dix-huit mètres de largeur, auquel donnent accès deux avant-corps ou avancements à pignon formant vestibules, et mesurant à l'intérieur chacun 6 mètres sur 7^{m}35. — Un escalier taillé dans le sol, et dont les marches sont maintenues en travers par des tronçons de branches non écorcés, conduit à chacun d'eux en même temps qu'à une galerie à jour de 3^{m}50 de large, qui entoure l'édifice sur trois de ses quatre façades.

Arrêtons-nous quelques instants à cette galerie : son bord extérieur est formé d'une belle colonnade de troncs d'arbres, soutenant une galerie de premier étage ouverte seulement sur la salle intérieure. Les parois sont revêtues, entre des pilastres semblables aux colonnes, de baguettes et demi-rondins entrecroisés, et disposés, d'après leur essence, de manière à former une heureuse harmonie par le contraste des teintes variées de leur écorce. Les plafonds sont ornés de même : et, aux deux vestibules, de vieilles souches de chêne, que le temps a rongées jusqu'au cœur, forment comme des sortes de pendentifs en leur milieu. Au flanc de l'escalier de gauche et sous la

(1) Cf. Charles Blanc, membre de l'Institut : *Grammaire des arts du dessin. — Architecture.* Paris, 1870.

Les temples les plus anciens de la Grèce étaient construits, pour tout ou partie, en bois, ainsi qu'en témoignent Euripide, Polybe, Pline, Pausanias. « Le temple de Junon à Métaponte dans la Grande-Grèce, le temple de Neptune à Mantinée, étaient portés sur des colonnes de chêne ou d'autre bois. A Éphèse, le fameux temple de Diane fut aisément brûlé par Érostrate, parce que la couverture était en bois de cèdre. » L'ancienneté même des colonnes en bois leur donnait un caractère sacré ; Pausanias affirme qu'elles étaient souvent conservées, comme des modèles vénérables, dans les édifices de pierre qui avaient succédé aux temples primitifs en bois. *Loc. cit.*, p. 166.

portion de la galerie extérieure qui lui correspond, a été disposé un petit amoncellement de rochers formant grotte; de la voûte de celle-ci s'échappe une nappe d'eau qui tombe en susurrant dans un bassin garni de plantes aquatiques.

Au-dessus de la colonnade extérieure, les parois de la galerie du premier étage sont ornées dans le même goût que celles du rez-de-chaussée, et devant chaque fenêtre se voit un élégant balcon dont la balustrade est principalement formée de rondins de bouleau ; leur écorce blanche tranche sur celle, plus sombre, des pieds-droits et des pilastres avoisinants. Sous l'auvent de chaque pignon, le mot FORÊTS est inscrit en grands caractères faits d'écorce aplanie, ici d'un brun fauve tranchant sur la teinte claire du cartouche également d'écorce qui les contient, là au contraire, d'un ton blanc se détachant sur un fond sombre.

Après avoir parcouru du regard l'extérieur du Pavillon, voyons son intérieur. Nous voici dans une grande salle, longue de trente-trois mètres et demi et large de quatorze, éclairée par le faîte de la toiture. Tout autour, et dans le même ordre qu'à l'extérieur, règnent des troncs d'arbres supportant le bord intérieur de la galerie qui forme le premier étage. Des pilastres de même aspect leur correspondent sur les parois. Le détail de ces supports est plus soigné qu'au dehors ; ils reposent sur des bases consistant en rondelles de même bois, mais un peu plus larges, et le pied est dissimulé par un double tore fait de cordes de tilleul de grosseur inégale. En haut, des rameaux habilement agencés dessinent un chapiteau à jour de forme dorique, le tout supportant des entablements complets, avec architrave, frise et corniche, revêtus d'écorces aplanies et disposées en dessins réguliers. Dans chaque travée ou entre-deux de cette colonnade, on voit des panoplies dont nous examinerons plus loin le détail. Auparavant décrivons, dans notre vaste salle, le deuxième grand côté : il diffère du premier en ce que, vers son milieu, il s'ouvre par une large baie que contourne la colonnade par des groupes de colonnes géminées ; celles-ci encadrent un bassin dominé par un petit amas de rocailles que garnissent des arbustes et plantes diverses ; des interstices de ces rocailles sourdent de nombreux ruisselets qui se réunissent avec un joyeux bruissement dans le bassin, pour s'en aller, par-dessous le sol, former la chute d'eau que nous avons vue tout à l'heure égayer les abords de l'entrée extérieure à gauche du pavillon.

Ce bassin avec les rocailles, cascatelles et plantes buissonnantes qui forment son arrière-plan, dissimule la différence du niveau de notre grande salle du rez-de-chaussée avec une seconde salle d'apparence moins grande, qui lui est adossée en contre-haut et qui est affectée à l'exposition du service spécial de la restauration des montagnes. De chaque côté des groupes de colonnes de robinier, de pin et de hêtre qui encadrent le bassin, et parmi lesquelles semblent s'être réfugiés, d'un côté un cerf à la pacifique allure, de l'autre un sanglier au poil hérissé et au boutoir menaçant, deux escaliers de quelques marches seulement conduisent au plancher de cette seconde salle, sur lequel la galerie de l'étage supérieur s'abaisse par deux larges escaliers se faisant face de chaque côté de la colonnade qui entoure le bassin.

Cette seconde salle a, intérieurement, à peu près même longueur et semble beaucoup plus étroite, quoiqu'elle ait presque la même largeur. C'est que cette largeur est partagée en deux, pour réserver l'espace nécessaire à trois vues dioramiques représentant quelques résultats des travaux de restauration des montagnes et de réduction des torrents. Il en résulte que le public circule seulement dans une sorte de large couloir, d'ailleurs occupé en partie par d'intéressants plans-reliefs de torrents et de montagnes, soit à l'état dénudé, soit en voie de restauration ; ce couloir laisse en outre l'accès libre à deux petites salles de plain-pied avec lui et ménagées entre la vue dioramique du milieu et les deux autres. Ces deux locaux sont affectés aux documents de toute nature, vues photographiques et téléiconographiques, tableaux peints, cartes, devis, profils et mémoires divers concernant cette partie de l'art forestier.

Gravissons l'un des deux grands escaliers, à mains courantes en cordes de tilleul soutenues par des anneaux ou embrasses de même nature, et pénétrons dans la galerie formant premier étage autour de la salle principale ; nous y retrouvons une disposition analogue de colonnes et de pilastres en bois revêtu de son écorce, mais, comme il convient, d'une grosseur un peu moindre, étant supportés par les entablements des colonnes et pilastres du bas : le diamètre de ceux-ci est de $0^m,40$, le diamètre de ceux-là est seulement de $0^m,35$. Nous y retrouvons aussi, dans les entre-colonnements, des panoplies analogues à celles du rez-de-chaussée, mais, en outre, une foule de collections contenues dans des casiers, dans des armoires et tables vitrées, appendues aux murs ou, sous forme de photographies sur verre, placardées contre les vitres des croisées.

Du haut de cette galerie on saisit d'un coup-d'œil l'ensemble de la salle principale du rez-de-chaussée, dont l'axe longitudinal est occupé, aux deux extrémités par différents modèles de scieries mécaniques, au milieu par des rondelles montrant, au moyen de traits de scie, les divers modes de débit en planches, afférents, suivant les localités, aux principaux bois de sciage.

III

DÉTAIL DES ESSENCES ET DE LEURS PRODUITS. OUTILLAGE FORESTIER.

Après avoir donné une description aussi complète que possible du « Pavillon des forêts », le moment est venu de nous occuper du détail de son contenu.

Remarquons d'abord que, grâce à la très ingénieuse idée de chercher une inspiration dans l'architecture grecque la plus archaïque, l'organisateur, très habilement secondé d'ailleurs par M. l'architecte Leblanc et par le contre-maître Souc, est parvenu à réaliser quelque chose de tout à fait nouveau, sans rien sacrifier toutefois du programme qui lui avait été tracé, et en donnant à sa construction une couleur locale plus marquée qu'aucune des constructions analogues qui avaient précédé.

En effet, ces gracieuses colonnades d'arbres forestiers variés constituent déjà, à elles seules, une partie importante de l'exposition forestière elle-même. Leurs étiquettes énoncent des âges très différents. Telle colonne, d'un vert glauque, est le tronc d'un Peuplier grisaille *(Populus canescens,* Smith) ou d'un Ypréau *(P. alba,* Lin.) âgés seulement de 45 ans ; non loin, cette autre, d'un gris sombre presque noir et finement cannelée, provient d'un *Cormier* ou Sorbier domestique *(Sorbus domestica,* Lin.), qui ne compte pas moins de 200 ans d'âge. Toutes trois ont pourtant même diamètre ; mais la troisième a mis, pour l'acquérir, près de quatre fois et demie le temps qu'y ont mis les deux premières. Voici des colonnes à écorce longitudinalement striée comme celle du cormier, mais d'un brun fauve : ce sont des Chênes de 150 ans. Celles-ci, à fût lisse et d'un gris de fer, sont des Hêtres de 160 ans ou des Charmes de 100 ans, à l'écorce un peu moins unie et d'un gris moins net. Celles-là, d'un blanc mat, sont des Bouleaux de 90 ans, ou bien, d'un gris noir sans stries, des *Merisiers* (essence *Cerasus avium,* Mœnch.) du même âge. Ailleurs, cette écorce fortement fendillée de gerçures longitudinales au pied, mais qui s'amincit peu à peu pour devenir lisse et rosée vers le haut, nous révèle des Pins sylvestres ; ils ont 60 ans. Les Pins laricios, parfois greffés sur pin sylvestre, se distinguent par leur écorce écailleuse et d'un gris uniforme ; ils ont également 60 ans. Les Épicéas rugueux et d'un brun pâle ont 100 ans ; les Sapins (essence

Abies pectinata, de Cand.) à l'écorce grisâtre, ont 120 ans ; les Pins maritimes, comme les Peupliers noirs *(P. nigra,* Lin.) et les Robiniers *(Robinia pseudo-acacia,* Lin.), n'ont que 50 ans. Ces deux dernières essences, jalouses de vivre, verdoient encore par des rameaux feuillés qu'elles ont poussé depuis la mise en place des colonnes qu'elles représentent. Si nous y ajoutons le Frêne, l'Aune, l'Orme, le Châtaignier, le Pin Weymouth et le Mélèze, nous aurons la nomenclature complète des essences concourant à former les belles colonnades qui donnent au Pavillon forestier son aspect caractéristique.

Tous ces arbres, sauf les mélèzes, qu'on a fait venir des Vosges, proviennent de la forêt domaniale de Fontainebleau où ils ont été, au nombre de plus de deux cents, choisis un à un par M. le conservateur de Gayffier lui-même.

Nous avons dit que l'intérieur de chacun des entre-colonnements du rez-de-chaussée et de plusieurs de ceux de la galerie du premier étage est occupé, sur les parois, par diverses panoplies. Celles-ci, sauf deux consacrées à l'outillage, sont affectées aux produits plus ou moins ouvrés des différents bois. Mais tandis que, au chalet de 1878, le classement en était fait d'après la nature des produits entremêlés des outils ayant servi à les fabriquer, on a cru devoir, au pavillon de 1889, adopter exclusivement le classement par essences, qui se retrouve à peu près dans toutes les autres collections que nous aurons à mentionner. Chacun de ces deux modes de classement a ses inconvénients et ses avantages. L'inconvénient du dernier est de multiplier les répétitions, une foule d'objets similaires ou identiques se fabriquant avec un grand nombre d'essences différentes. Ici, chaque essence occupe, suivant son importance, un ou plusieurs panneaux, la partie supérieure en panoplie de bois ouvrés, le bas en rondelles de divers diamètres. Nous nous bornerons à en décrire quelques-uns, pour éviter au lecteur de fatigantes redites.

A main droite, en regardant le bassin, se voit, en un premier entre-colonnement ou panneau, le compartiment du Chêne commun, comprenant les variétés sessile et pédonculée. Ce sont principalement des *merrains :* douves et douelles de tonneaux, tonnelets, barillets, seaux et boisseaux divers, lames de parquets, fragments même de parquets montés avec dessins à deux ou plusieurs nuances. On y voit aussi des manches d'outils, des cannes, des cerches, des pièces de sellerie et une foule d'objets communs à maints autres bois.

Ce ne sont point là, sans doute, tous les emplois du Chêne : la charpente, la batellerie et la marine, l'étayement et le boisage des mines, les traverses de chemins de fer, etc., y seraient également compris. Mais le *merrain* est une spécialité très principale sinon exclusive de cette essence : c'est pourquoi les honneurs de l'exposition de celle-ci ont été pour lui et ses produits.

A côté du Chêne commun, le Chêne-liège nous montre sa fongueuse écorce, ici en pièces, telle qu'on l'obtient prise sur l'arbre, là façonnée en planches et planchettes plus ou moins minces ou épaisses, en bouchons de tout calibre, les uns achevés, les autres commencés, en bouées de sauvetage, en flotteurs d'engins de pêche. On y voit aussi d'une part des échantillons de l'écorce *mâle* ou sauvage, celle, extrêmement rugueuse, crevassée, inégale et sans emploi, qui croît la première et que l'on enlève par l'opération du *démasclage* (étym. : *emasculare) ;* d'autre part, des échantillons de l'écorce *mère*, celle qui, située immédiatement au-dessous de la première, se développe en épaisseur une fois débarrassée de son étreinte et constitue l'écorce femelle, qui n'est autre que le *liège* de l'industrie et du commerce.

Au tournant de la paroi, nous avons le panneau de l'Yeuse ou Chêne-vert, du midi et de l'ouest ; rien de bien saillant : maillets, manches de pelles et d'outils divers, moyeux, billots, etc. C'est un bois extrêmement dur et compact, ce qui explique les emplois que nous venons d'indiquer. On voit aussi, dans sa panoplie, des pipes grossières, des cannes, etc.

Les « Chênes divers », c'est-à-dire autres que les trois précédents, ont aussi une petite collection consistant en planches, madriers, manches d'outils de toute espèce. Au pied des panneaux des uns et des autres, des rondelles de leurs essences respectives.

Bien que le Noyer ne soit pas à proprement parler un arbre forestier, il n'est cependant pas exclu de nos forêts et s'y rencontre souvent au voisinage des champs où on le cultive pour ses fruits. Il fournit d'ailleurs des produits analogues à ceux des autres arbres ; et en tant que bois d'industrie, il est considéré comme bois de luxe. On voit, dans sa panoplie, des crosses de fusil, d'élégants sabots, des pieds de table, des bois de chaises, des boîtes d'horloge, un petit panneau sculpté non verni (le vernis gâte l'aspect du bois de noyer plutôt qu'il ne l'embellit), des boîtes de toute sorte, des palettes de peintre et jusqu'à un moulin à café. On y voit aussi des plateaux, des planches, des cerches, et, reposant sur le sol, les rondelles obligées.

A la suite du panneau du noyer nous arrivons à celui du milieu de la paroi de l'extrémité de droite de la grande salle. Ici la panoplie n'est plus composée d'objets de bois, mais d'objets d'acier, sortant des usines de MM. Peugeot à Pont-de-Roide (Doubs). Ce sont les outils servant à travailler le bois : lames de scies de toutes formes et de tous aspects : scies circulaires, scies sans fin, scies de menuisier, scies à deux poignées, dites *passe-partout*, à dentelures, — lames dentées de forme trapézoïdale, scies à main, — gouges, ciseaux, racloirs, pas de vis, villebrequins, compas sphériques, écrous, rabots, haches de formes et de dimensions variées, masses, marteaux ordinaires et marteaux forestiers.

Au pied de cette austère collection se voit une rondelle

digne d'être admirée : elle a $1^m,32$ de diamètre et provient d'un Pistachier *(Pistacia atlantica)* d'Algérie. La texture serrée des fibres de ce bois indique une dureté extrême, et sa belle teinte violacée, ses veines de diverses nuances n'attirent pas moins le regard que ses remarquables dimensions.

Le panneau du Frêne suit la panoplie des outils. Jantes de roues, brancards de voitures, attelles de colliers, augets à épuiser l'eau des barques, barattes à beurre, raquettes, jougs à bœufs, maillets, robinets, barillets à huile, auges, rateaux, pieds de chaises, sabots, et jusqu'à du cerclage, nous montrent sinon la totalité des emplois du frêne, du moins les principaux. Tout à côté, un demi-panneau garni de fourches, de manches d'outils et d'une multitude de cannes, les unes brutes encore, les autres polies et achevées, nous représente les produits de cet arbrisseau à croissance très lente, à bois très dur, à fruits rouges gros comme des olives, qu'on appelle le Cornouiller mâle *(Cornus mas,* Lin.*)*. On voit même, dans la galerie d'en haut, une rondelle provenant d'un sujet vieux de 150 ans et qui ne mesure pas moins de $0^m,30$ de diamètre ; il est à la vérité creux au milieu.

Ici, il faut faire demi-tour ; nous arrivons à la paroi appuyée sur les pilastres du côté de la façade, et nous avons en face de nous, d'équerre avec le demi-panneau du Cornouiller, le panneau du Poirier. Non pas du chétif poirier horticole, mutilé, contourné, estropié pour multiplier sa fructification aux dépens de son bois, mais du vigoureux poirier des forêts à la tige élancée, au tronc épais, au bois dur et d'un grain très fin. Ses emplois sont innombrables : sa panoplie nous montre, disposés avec un art ingénieux, des rabots et des varlopes entourés de salières, de cuillers à moutarde et autres ustensiles de table. Mêlés à des règles, mètres, équerres, *pistolets* de dessinateur, etc., on voit des coffrets, les uns en bois uni, les autres sculptés, ceux-ci à la couleur naturelle, ceux-là d'un noir d'ébène. Des chaises, des tables, des plateaux, des madriers accompagnent des lames teintées à toutes les nuances, et jusqu'à une pièce de marqueterie représentant un vase de fleurs de couleurs variées sur fond noir.

Au Cerisier des bois ou Merisier dominent, avec les pieds de table, pieds et bois de chaises, porte-manteaux, couchettes et sièges façon bambou, les sabots, les boîtes, les tabatières, les règles, équerres et manches d'outils de précision, sans parler des cannes, des manches de fouet et de parapluie, des pipes, du cerclage pour les tonneaux. On y voit même un petit baril, sans doute destiné à contenir du kirsch, cet alcool parfumé à l'amande amère et incolore comme l'eau claire qui s'obtient par la distillation de la *merise*.

L'Érable suit. On n'a pas distingué entre ses trois principales variétés : champêtre, plane et sycomore, bien que des différences assez sensibles les séparent. L'on y voit des manches de violoncelles et de contre-basses, des bois de brosse, des moyeux de roues, des robinets, des jeux de quilles et de croquet, des toupies, des sabots, des meubles façon bambou, etc., etc.

La travée du Tilleul nous offre un aspect assez différent de ses voisines. Elle est garnie principalement de *cordes de tille* (ou de tilleul) de grosseurs différentes, ainsi que de feuilles de cette *tille* avec laquelle on les fabrique. La tille est cette partie de l'écorce du tilleul que les botanistes appellent le *liber*, et qui, placée entre le bois et l'écorce extérieure, estbeaucoup plus développée et plus fibreuse dans cette essence que dans les autres, ce qui la rend susceptible d'être traitée comme le chanvre. Les cordes de tilleul sont principalement recherchées comme cordes à puits; mais on peut les utiliser de bien d'autres manières. Le millésime de l'exposition, le chiffre 1889, est tracé en cordelette de même matière sur le milieu de la panoplie. On y voit aussi des lames colorées et un petit panneau sculpté.

Le Sapin vient ensuite, dont les principaux emplois consistent, sans parler de la charpente et des planches, en un merrain particulier pour baquets et seaux de toutes formes et dimensions, hottes à lait, boissellerie à parois minces, petits animaux et bonshommes sculptés pour bergeries et ménageries enfantines, lattes, bardeaux, etc.

A l'Épicéa nous trouvons des objets analogues et, en plus, des bois de résonance, des tables d'harmonie pour instruments de musique, troncs creusés pour conduites d'eau, échalas et paisseaux pour clôtures, bois à allumettes, etc.

Arrêtons ici ces énumérations qui, à peu de variantes près, se reproduisent plus ou moins à chaque essence, qu'il s'agisse des diverses variétés de pin précieuses pour les poteaux télégraphiques et utilisées comme traverses de chemins de fer; du Mélèze, des Aunes, du Châtaignier qui fournit aussi des merrains spéciaux; du Bouleau qui s'est fait une spécialité des sabots et, avec le Merisier, celle des tabatières rustiques et d'une sorte de sparterie en écorce (on en tire aussi une matière particulière qui sert à la préparation des cuirs de Russie); du Hêtre qui se plie à peu près sans exception à toutes les industries du bois; du Pommier, des Alisiers, de l'Orme, du Micocoulier de Provence, célèbre sous le nom de *Bois de Perpignan* par ses manches de fouet; du Robinier, du Tremble et divers autres Peupliers, ses congénères, des Saules, de l'If et des morts-bois eux-mêmes, Genevrier, Coudrier, Troëne, Fusain, Bourdaine, Houx, Buis, Bruyère. Toutes ces collections sont du reste, grâce aux soins laborieux et dévoués de MM. Daubrée et Thil, disposées, avec un goût parfait, en panoplies aussi variées d'aspect que le permettait la similitude des objets.

Celles d'entre elles qui n'ont pu trouver place au rez-de-chaussée ont été colloquées dans la galerie du premier étage. Mentionnons encore, avant d'y remonter, un groupement de tous les engins et outils employés dans la gestion et l'exploitation forestières; il fait face, à l'autre extrémité de la grande salle, à celui que nous avons décrit plus haut, et comprend, entre les compartiments de l'Aune et du Châtaignier, les objets suivants : chaînes décimales, rubans métriques, compas de bois servant à mesurer le diamètre des arbres, serpes grandes et petites, droites et courbes, émondoirs, sécateurs, cisailles, couperets, *rouennes* à griffer l'écorce pour le comptage des arbres, marteaux forestiers d'agents, de préposés et de marchands, plaques de gardes, plantoirs, semoirs, bêches circulaires et mi-circulaires, cognées, etc., etc. Ces instruments variés sortent tous des ateliers de M. Simonin-Blanchard, à Paris. Au-dessous, une énorme rondelle prise sur un Cèdre du Liban des monts Atlas, âgé de 260 ans, fait vis-à-vis à la rondelle de Pistachier, décrite plus haut.

Devant ce panneau et dans l'axe longitudinal de la salle, un petit espace carré, délimité par une corde de tille, contient une scie mécanique, mue par une locomobile, pour tronçonner les arbres abattus; une scie circulaire également à vapeur, et un établi pour la fabrication de la *soie de bois* ou « soie française », tirée de la cellulose que contient toute matière ligneuse, industrie nouvelle dont nous parlerons plus loin.

A l'autre bout de la salle et devant le panneau affecté à l'outillage exposé par MM. Peugeot, un autre espace carré, clos de la même manière, contient une scierie verticale alternative à six lames, montée sur charriot, et qui est mue par une machine à gaz, ainsi qu'une scierie horizontale pour l'abatage des arbres sur pied. Ces divers modèles de scierie ont été fabriqués par MM. Arbey, qui les ont obligeamment prêtés pour la circonstance.

Entre ces deux groupes d'appareils, le milieu de la salle est occupé, comme on l'a dit plus haut, par des rondelles sur le plat desquelles sont indiqués les divers modes de débit des bois. Elles sont rangées sur deux couples de plans inclinés en manière de pupitres. L'un montre le débit en planches, madriers, plateaux, solives, etc., du Hêtre et des Peupliers (blanc, noir, tremble de la Caroline) ; l'autre celui des Chênes rouvre et pédonculé. Ce débit varie suivant les pays et les essences, mais surtout suivant le plus ou moins de qualité que l'on veut obtenir dans les produits du sciage. Plus en effet le bois est scié parallèlement aux fibres et de manière à les laisser entières en plus grand nombre, plus il offre de souplesse, de résistance et d'élasticité.

IV

LA GALERIE SUPÉRIEURE ET SES COLLECTIONS SCIENTIFIQUES.

Les détails dans lesquels nous venons d'entrer justifient, pour une large part, cette partie du programme ainsi libellée : « Des échantillons permettant de suivre le développement de chacune de nos essences forestières,... d'apprécier ses qualités et ses divers emplois. »

Nous trouverons la continuation de ce programme dans la galerie qui domine la grande salle. Le premier article, toutefois, n'en est que partiellement réalisé. Les « Notices statistiques » sur chacun des départements forestiers de France et d'Algérie ont bien été établies, et laborieusement, par les agents locaux ; mais, pour on ne sait trop quelles raisons d'économie, alors qu'il n'a pas été lésiné devant bien d'autres dépenses, on n'a pas livré ces notices à l'impression, c'est-à-dire à la publicité. Il faut en dire autant de la plupart des autres documents : Notices et tableaux sur l'enseignement forestier ; Bibliographie établie à l'École de Nancy et contenant l'indication de plus de 8000 ouvrages ou articles français, anciens et modernes, traitant de matières forestières ; Observations météorologiques ; Études de physiologie forestière ; Observations sur la marche de l'accroissement des arbres en diamètre et en hauteur ; Procès-verbaux d'aménagement, avec plans à l'appui, de quelques-unes des forêts les plus importantes, etc. Quant à ces derniers ouvrages, qui ne peuvent être compris et par conséquent consultés que, très exclusivement, par les hommes du métier, et qui concernent d'ailleurs des opérations sur lesquelles ils sont loin d'être tous d'accord, on peut dire que de tels documents ne sont guère là que pour la forme. Tous ces objets d'ailleurs attirent peu l'attention ; et faute d'un catalogue général explicatif, on pourrait même ignorer leur présence : car, par une omission absolument inexplicable, l'Administration forestière supérieure, après avoir fait dresser avec grand soin ce catalogue, n'a jugé à propos ni de le publier, ni même de le faire figurer parmi les manuscrits exposés (1).

Il est vrai que ceux-ci sont peu consultés. Un peu moins inaperçu est l'atlas départemental des forêts domaniales et communales établi à l'aide des feuilles de la carte de l'état-major ; on y a même indiqué en plus, mais seulement d'une manière plus ou moins approximative faute de données certaines, les bois dépendant de la propriété privée. De loin en loin quelque visiteur y jette les yeux.

Quant aux maladies des arbres, à leurs vices, aux insectes qui les attaquent, les agents forestiers ont brillamment exécuté cette partie du programme, tout en complétant le surplus relativement aux divers emplois, qualités et produits des bois. Dans des tables vitrées en forme de pupitres et disposées suivant l'axe des galeries, on voit, pour chaque essence, la collection des insectes en leurs divers états, vers, larves, chenilles, insectes parfaits, qui vivent aux dépens soit de son bois, soit de ses racines, de

(1) Cette omission est d'autant plus regrettable que chaque article mentionné au catalogue devait être accompagné du nom de l'agent ou des agents forestiers à qui l'objet était dû ou qui y avaient coopéré, et que, par là, justice eût été rendue au mérite de chacun, ce qui n'a pas lieu.

ses fleurs, de ses feuilles ou de ses fruits (1) ; dans le même cadre, une carte de France, indiquant par des teintes conventionnelles la quantité de mètres cubes que peut fournir, par département, l'essence considérée. Cette collection de cartes statistiques est due à M. Thil. Sur le rebord supérieur de chacune de ces tables se voient des kyrielles de bocaux contenant des produits non susceptibles de figurer dans des panoplies : tans en poudre, extraits de tannin ; résines, goudrons et produits dérivés ; échantillons de charbon des divers bois en fragments entiers et en poudre, les premiers accouplés avec des morceaux de même forme, essence et dimensions des bois qui les ont produits ; acides acétique et pyroligneux, méthylène et leur composés ; huile de faîne ; graines de tous les arbres de nos forêts, et, non loin, les appareils *germinateurs* permettant d'apprécier à bref délai la proportion de leur faculté germinative ; bocaux de pâtes à papier à divers degrés de fabrication, et, sous le vitrage, échantillons de plusieurs qualités et colorations de papiers provenant des bois les plus propres à cette destination.

De grands perfectionnements ont été apportés, depuis 1878, aux papiers à pâte de bois : on n'arrivait guère alors à utiliser pratiquement cette pâte qu'en la mélangeant avec une proportion plus ou moins forte de pâte de chiffons. MM. Weibel, de Novillars (Doubs), et Neyret, de Riou-Peyron (Isère), exposent une grande variété de papiers, sinon fins et de grand luxe, du moins d'excellente qualité pour les usages courants, et dans la fabrication desquels le chiffon n'entre à peu près pour rien. On voit, du reste, aux modèles de papeteries qui fonctionnent dans la galerie des machines, des pâtes à papier provenant de toutes les espèces possibles de végétaux ligneux ou fibreux. Alors que, dans plusieurs de ses anciens emplois, le bois est remplacé par le fer, la houille, et même par le gaz d'éclai-

(1) Ces collections entomologiques ont été réunies par M. Henry, répétiteur à l'École forestière, aidé de quelques autres agents.

rage, la fabrication du papier, dont la consommation va toujours croissant, constituera aux produits de nos forêts un utile débouché.

En sera-t-il de même de la soie de bois ou *soie française*, dont M. Du Vivier expose des écheveaux en fils de toutes couleurs, et de grosseurs ou plutôt de finesses diverses (diamètres variant de 1/1000 à 40/1000 de millimètre)? La *cellulose*, cette membrane enveloppante de la cellule végétale que les chenilles de bombyx savent extraire de la feuille de certains arbres et filer dans l'intérieur de leur corps, M. Du Vivier l'extrait directement du tissu ligneux et, par certains procédés chimiques, arrive à la réduire en fils souples, soyeux et résistants. C'est le début d'une industrie nouvelle ; supplantera-t-elle la vieille sériciculture déjà si éprouvée par les maladies du ver à soie, et constituera-t-elle pour l'emploi des bois un nouveau débouché de quelque importance ? C'est ce que l'avenir nous apprendra. Toutefois, si l'on peut s'en rapporter aux premiers résultats obtenus par M. Du Vivier, ces résultats seraient féconds en magnifiques promesses.

Obligé d'employer, pour le traitement de la cellulose, des quantités considérables d'acide acétique cristallisable, M. Du Vivier, à l'aide d'un four spécial de son invention, fabrique lui-même son acide acétique, qu'il extrait de l'acide pyroligneux obtenu par la combustion du bois en vase clos. Mais le vase clos ne laissant échapper aucun autre des produits de la combustion du bois, tels que charbon, goudrons, alcool méthylique, l'opérateur rentre dans ses frais par la vente de ces produits accessoires, si bien que son acide acétique ne lui coûte rien, malgré la grande quantité de bois absorbé.

En ces conditions M. Du Vivier produit, à l'état écru, sa « soie française » au prix net de revient fr. 3,68 le kilogramme. Si on y ajoute l'intérêt de l'amortissement du capital qui serait nécessaire à l'établissement d'une usine sur grande échelle, on arrive au prix total de 5 francs. Or la quantité de bois à utiliser chaque année pour cette fabrication correspondrait, d'après M. Du Vivier, à la totalité des coupes de bois d'une conservation forestière, ce qui pourrait représenter une valeur moyenne d'un à deux millions.

Revenons à nos collections par essences. Les échantillons de bois sous forme de rondelles et de parallélipipèdes sont nombreux,... trop nombreux même ; la même essence en compte parfois huit ou dix. Deux ou trois par chaque essence et en chaque forme eussent semblé suffire. Vu cette profusion, les visiteurs passent pour la plupart indifférents devant ces bûches taillées, les remarquant à peine ; seuls, les gens du métier en apprécient le mérite. Ce qui est de nature à frapper plus encore l'attention des hommes d'étude, ce sont les lames minces, transparentes grâce à leur peu d'épaisseur, pour observer la structure du tissu de chaque espèce de bois ; on les a placées, au nombre de 400, dans des vitrines verticales à jour, et au pied, l'instrument au moyen desquels on a pu les obtenir. De plus, ces lamelles transparentes, montrant la forme et l'agencement des cellules et des fibres, ont été agrandies par la photographie et appendues, à côté de vues d'arbres en pied de l'essence correspondante, contre les vitres des fenêtres qui éclairent la galerie.

Les arbres ont de nombreux ennemis. Ce ne sont pas seulement les insectes ; il y en a de bien d'autres catégories ; entre autres les végétaux parasites cryptogamiques, notamment les champignons. M. le conservateur d'Arbois de Jubainville expose une belle collection de ceux qui vivent directement aux dépens des arbres ; on les voit à divers degrés de développement, et avec des fragments des portions d'arbres sur lesquelles ils ont exercé leur action désorganisatrice.

Un autre parasite, bien nuisible également aux arbres sur lesquels il s'implante, est un sous-arbrisseau phanérogame, de l'ordre des apétales non amentacés, le Gui

(Viscum album, Lin.). L'indication de ses effets funestes se trouve, au reste, comprise dans une collection très complète des spécimens les plus fréquents de pathologie végétale des arbres, envoyée par M. Boppe, sous-directeur à l'École de Nancy. Elle a pour objet de faire ressortir, essence par essence, les difformités et dégradations plus ou moins considérables subies par des arbres sur pied et pouvant entraîner leur déclassement industriel. Les différents vices des bois y sont répartis en deux sections, dont la seconde se subdivise elle-même en cinq sous-sections.

La première section comprend les troubles physiologiques particuliers au sujet qui les subit, et se traduisant par une disposition anormale des tissus sans lésion apparente dans le bois fraîchement coupé. Telles sont les fibres torse et ondulée; tels le bois madré, le bois rouge, les nœuds vivants, loupes, entre-écorce.

La seconde section se rapporte aux altérations provenant de causes étrangères au sujet et présentant généralement des solutions de continuité dans l'ensemble de la masse ligneuse, savoir :

a) Celles qui ont été causées par les agents météoriques, températures extrêmes, grêle, foudre et vents. Nommons les gelivures, roulures, nécroses, plaies contuses, coups de foudre et de soleil;

b) Les désordres occasionnés par d'autres végétaux, tiges voisines, plantes sarmenteuses ou grimpantes, plantes parasites quelconques : frottures, entre-écorce, arrêts de végétation, ravages des racines du gui, etc.;

c) Les dégâts causés par le gros et petit gibier de poil, les mulots et campagnols, les oiseaux ;

d) Les dégradations provenant du fait de l'homme, par suite d'émondage et d'élagage vicieux, taille en têtards, griffades de la rouenne, coups de crampons, voire de marteaux forestiers, plaies de gemmage (sur les résineux) ;

e) Enfin les blessures résultant de causes accidentelles

diverses, telles que chocs de pierres roulantes, rencontre d'essieux, chutes d'arbres voisins, etc.

Dans la collection de M. Boppe, tous ces cas particuliers sont représentés par des échantillons habilement choisis et répartis, comme on l'a dit, essence par essence. Il serait intéressant de s'arrêter à chacun d'eux. Mais d'autres objets appellent notre attention.

Au point de vue purement théorique et archéologique, rien n'est attrayant, pour le botaniste et le forestier, comme une collection de bois *fossiles*. Celle du Pavillon des Forêts ne laisse pas d'être fort curieuse. On la pressent, dès l'entrée, par la vue, dans la galerie extérieure, d'une souche préhistorique, recueillie, croyons-nous, au voisinage ou au fond de la rade du Havre ; plus, d'un gros bloc de lignite venu des carrières de Dixmonts (Yonne). Les fils de fer dont cette masse assez friable est cerclée la défendent mal contre les déprédations des visiteurs étrangers, qui aiment apparemment à en rapporter, comme souvenir, un fragment dans leur pays. Les Anglais, dit-on, sont plus particulièrement coutumiers de ce genre de pratique. Il n'en saurait être de même, heureusement, dans les vitrines de la galerie intérieure du premier étage. On y voit des bois fossiles proprement dits ou lignites, des bois silicifiés et des empreintes provenant des diverses couches géologiques dont se compose l'écorce du globe terrestre. Ce sont d'abord, sur des blocs houillers, des empreintes de sigillaires, d'équisétacés, de lépidodendrons, etc. ; puis, extraites du trias, des empreintes des premiers gymnospermes : cycadées et conifères ; les formations crétacées nous montrent les premiers dicotylédonés ; et l'on retrouve dans les cinérites du Cantal, conservés comme dans un herbier et solidifiés, des troncs, feuilles, fleurs et fruits d'arbres ensevelis sous les amas de cendres projetées par les éruptions des volcans aujourd'hui éteints.

On remarque aussi une curieuse collection de strobiles ou cônes de résineux fossiles trouvés, en Argonne, dans cette formation particulière adjacente au gault et connue sous le nom de *gaize*. Les bois silicifiés, où à chaque molécule ligneuse s'est successivement substituée une molécule de silice, sont représentés non seulement par des fragments polis, sur plusieurs desquels on peut aisément reconnaître les éléments du bois, fibres, vaisseaux, rayons médullaires, mais encore par des tranches minces et translucides où ces éléments se distinguent bien mieux encore.

Les lignites sont aussi accompagnés de fragments de bois préhistoriques, ayant été travaillés de main d'homme, mais qui paraissent n'avoir pas encore perdu le caractère de bois véritable.

Mais quittons les antiquités géologiques et revenons à l'ère contemporaine. Nous aurons à admirer l'herbier forestier de M. Fliche, professeur d'histoire naturelle à l'École de Nancy, qui ne comprend pas moins, tant pour la France que pour l'Algérie, de 200 espèces : arbres, arbustes, arbrisseaux et sous-arbrisseaux. M. de Gayffier expose également son herbier photographique, malheureusement inédit, des conifères exotiques ; et le brigadier Besançonnot, de la forêt d'Orléans, une série de cartons contenant toute la flore ligneuse de cette forêt représentée, dans chacun d'eux, par les feuilles, les fleurs, les fruits et des sections du bois du végétal auquel il est affecté. M. Lepaute, conservateur des bois de Boulogne et de Vincennes, a fourni quelque chose d'analogue pour la forêt de Vincennes. Les organes de chaque essence sont renfermés, sous verre, dans un cadre en écorce de cette essence.

Nous passons forcément bien des objets et non des moins dignes d'attention. Mais un volume suffirait à peine à tout décrire par le menu. Il nous faut toutefois dire quelques mots d'une certaine collection, en elle-même fort intéressante ma foi, mais dont on ne se figure pas très bien la raison d'être dans une exposition *forestière*, dans ce « musée du bois » comme on l'a nommée, non sans justesse. C'est, proprement rangée dans un casier construit à cet effet, une collection lithologique, une collection de pavés ! Ces petits cubes de pierre représentent toute la pétrographie de la France, depuis les roches primitives et éruptives jusqu'aux plus récents des sédiments tertiaires. Ils sont même accompagnés de très beaux échantillons de marbre, d'onyx et autres pierres décoratives. Il faut le reconnaître, cette collection est curieuse et elle fait vraiment très bien là où elle est. Mais pourquoi y est-elle ? C'est ce que l'on n'a jamais pu savoir au juste.

V

VUES DIORAMIQUES DES TRAVAUX DE RESTAURATION DES MONTAGNES.

Il nous reste à parcourir l'annexe du Pavillon, affectée à l'exposition relative aux opérations de ce qui, sous l'empire des lois des 28 juillet 1860 et 20 juin 1864, s'était appelé l'œuvre du reboisement et du regazonnement des montagnes, et qui s'appelle avec plus de justesse aujourd'hui, sous l'empire de la loi (d'ailleurs assez incohérente et assez mal faite) du 4 avril 1882 : la « Restauration des montagnes ». Sans aucun doute, le reboisement en fait partie intégrante, ainsi que l'amélioration et la réglementation des pâturages. Mais avant de reboiser, avant de regazonner ou d'améliorer les herbages, il faut d'abord maintenir le sol instable qui les porte ou qui pourrait les porter ; mieux encore, il faut reconstituer ce sol là où le ravinement des torrents ou toute autre cause l'a fait disparaître. De là un troisième élément qui domine logiquement et chronologiquement les deux autres, et qui se traduit, le plus ordinairement sinon exclusivement, par la correction des torrents, soit qu'il s'agisse d'arriver à leur extinction complète, soit que l'on se contente de les réduire à une action amoindrie et dont on soit toujours à même de neutraliser les effets.

Cette œuvre, aussi complexe que vaste, est exposée d'une manière remarquablement complète, tant par les plans-reliefs, les dioramas, les vues photographiques et *téléiconographiques,* les tableaux peints (1), qui attirent d'eux-mêmes le regard, que par les atlas, albums, profils et documents de toute sorte placés en évidence dans les deux petites salles comprises entre les salles dioramiques, et disposés d'une façon qui invite à les ouvrir.

Plus heureuse que l'exposition forestière générale, l'exposition du service de restauration des montagnes possède un catalogue. C'est une brochure in-8° de 168 pages, dans laquelle l'auteur, M. l'inspecteur général Demontzey, a su accompagner chaque numéro et intitulé d'une notice explicative dont le développement est toujours proportionné à l'importance de l'objet exposé. Aussi ce catalogue forme-t-il un petit traité sur la matière, assez complet pour que l'auteur ait pu en faire hommage à l'Académie des sciences dont il est membre correspondant (2). Il ressort de cette publication que, à la suite d'une période inévitable de tâtonnement et d'observation qui a accompagné, durant les dix ou douze premières années, les débuts de l'œuvre, on est parvenu, depuis 1870 ou 1872, à restaurer environ le cinquième des 300 000 hectares de terrains montagneux sur lesquels l'utilité publique réclame l'action directe de l'État, soit 60 000 hectares. On a pu *éteindre* (c'est le

(1) Ces tableaux, au nombre de dix, sont de M. Gabin, peintre à Paris, auteur également des trois toiles dioramiques dont il sera parlé plus loin. Cet artiste, afin de se bien pénétrer des sujets que son pinceau avait à traiter, a préalablement employé deux étés consécutifs à parcourir les hautes montagnes des Alpes et des Pyrénées, et à prendre sur place toutes les vues qui pouvaient lui être utiles. D'autres tableaux paysagers, de non moindre mérite, sont de M. Charlemagne, inspecteur des forêts à Grenoble.

(2) *La Restauration des terrains en montagne au Pavillon des forêts*, par P. Demontzey, administrateur des forêts, membre correspondant de l'Institut. — Paris. Imprimerie nouvelle.

terme consacré) des torrents au cours irrégulier, intermittent, ravins ordinairement desséchés, brusquement transformés, à chaque pluie d'orage, en un flot impétueux entraînant avec lui terres, galets, rochers, et portant partout sur son passage la désolation et la ruine. Par le fait de leur *extinction*, ils sont devenus des ruisseaux au cours régulier, non seulement inoffensifs, mais fécondants en assurant l'irrigation de terres qu'ils dévastaient naguère. Par là aussi, les berges des profonds ravins cessant d'être affouillées, les rives et versants supérieurs ont été consolidés ; et jusqu'alors depuis longtemps abandonnés, ils ont pu être rendus à la culture ou tout au moins aux pâturages herbus et, dans les lieux où ni pacage ni culture ne sont possibles sans danger, à la végétation forestière.

Celle-ci a pu même être introduite en des lieux où jusque-là on l'avait crue impossible, c'est-à-dire à des altitudes de 2800 à 3000 mètres. Grâce à l'*Alviès, Auvier* ou Pin Cembro (*P. Cembra*, Lin.), qui disparaissait peu à peu devant le pâturage abusif, mais que les forestiers reboiseurs ont sauvé de la mort lente, on a pu créer des peuplements bien venants, entremêlés de mélèzes, à ces hauteurs jusque-là improductives.

Parfois le torrent, qu'on croyait *éteint*, n'était qu'endormi : il se *réveille* (c'est encore un terme consacré), et brisant ses entraves recommence ses dévastations d'antan. Il faut alors revenir à la charge, réparer les premiers dégâts, reconstruire plus solidement les obstacles brisés... ; mais avec de la persévérance, le dernier mot reste à la volonté et aux efforts intelligents de l'homme.

Ces enseignements résultent, avec surabondance de détails et de preuves, de l'exposition tout entière du service de la restauration des montagnes. Forcé de nous restreindre, nous nous bornerons à en résumer les démonstrations les plus saillantes par la description des trois vues dioramiques : ce sont elles qui ont le plus vivement attiré l'attention et doivent être le mieux présentes à la mémoire de ceux de nos lecteurs qui auront visité le Pavillon des forêts.

Les toiles sur lesquelles elles sont peintes sont placées à une dizaine de mètres du spectateur ; et celui-ci en est séparé par un espace relativement obscur, d'une largeur de 5 mètres, représentant un campement de montagne. Immédiatement à sa suite, le talus d'un saut de loup est garni de jeunes plants de pin et de sapin entremêlés de plantes basses diverses formant un premier plan en relief qui se fond, pour les yeux, avec les premiers plans de la toile peinte et complète l'illusion.

Le premier de ces dioramas, situé au fond de la galerie, représente un flanc de montagne des environs de Barcelonnette (Basses-Alpes) déchiré par un ravin torrentiel, le *Torrent du Bourget,* affluent de l'Ubaye, elle-même affluent de la Durance, et prenant naissance à 2937 mètres d'altitude pour étaler son cône de déjection dans la vallée de l'Ubaye à l'altitude de 1763 mètres, plus basse de 1174 mètres.

L'espace relativement sombre qui sépare le spectateur de cet aspect représente le baraquement d'un agent forestier chargé de diriger pendant des semaines, et quelquefois des mois entiers, les travaux dans la montagne.

Dès 1870, on s'est occupé de boiser, par semis et plantations de pin cembro, mélèze, pin de montagne *(P. uncinata*, Ramond), pin noir d'Autriche et pin sylvestre, tous les terrains *stables* du bassin, les essences étant échelonnées suivant des altitudes variant de 2900 à 1400 mètres. Ce n'était que la moindre partie de l'œuvre , aussi n'est-elle apparente qu'aux derniers plans du tableau. Ce qui en occupe les premiers, c'est l'ensemble des principaux travaux de *correction* qui ont fixé les terrains instables et amené l'extinction du torrent, c'est-à-dire sa réduction à l'état de ruisseau paisible et inoffensif.

Ces travaux ont porté sur la deuxième section du torrent, le canal d'écoulement (1), d'une longueur de 1764 mètres. Ils ont consisté d'abord en vingt forts barrages en maçonnerie dont la hauteur varie de 3 à 7 mètres. Arrêtés par ces barrages, les matériaux charriés par le torrent se sont amoncelés derrière eux, y formant des atterrissements. Sur ceux-ci ont été établis des barrages parallèles, mais plus petits, plus rapprochés, et faits non plus de pierres, mais de clayonnages formés de boutures vivantes et relevés par des ailes de même mode de construction, afin de maintenir le cours d'eau sur le thalweg ainsi réglé. Enfin, l'ancien torrent étant de la sorte réduit à un mince filet d'eau de régime régulier, on peut couvrir ses berges et son ancien lit de plantations forestières, comme le montre le diorama du *Torrent du Bourget*.

Le diorama du *Riou Bourdoux*, situé entre le précédent et le suivant, représente un état de choses moins avancé. De l'intérieur d'un baraquement d'ouvriers avec deux lits de camp pour six hommes chacun et outils divers rangés le long des parois, l'on aperçoit un barrage principal construit en 1880-81 à l'extrémité inférieure du bassin de réception, et complété, à son pied, par un solide radier maintenu par un contre-barrage à l'aval. Le barrage a retenu à son amont tous les matériaux solides arrivés des hauteurs et qui, ainsi arrêtés et fixés, assurent désormais la fixité des berges qui les dominent. L'eau qui les avait entraînés, maintenant débarrassée d'eux et comme filtrée au travers, peut s'écouler, lors des crues, en une lame mince occupant les 20 mètres de largeur du couronnement du barrage, ce qui lui fait perdre une grande partie de sa puissance d'affouillement ; le peu qui lui en reste

(1) On sait que la disposition la plus habituelle des torrents des Alpes consiste en trois éléments bien distincts : le *Bassin de réception*, à la partie supérieure, le *Canal d'écoulement*, dans la partie moyenne, et le *Cône de déjection*, qui est comme l'embouchure du torrent. — Voir, au besoin, l'exposé détaillé de cette classification dans nos articles antérieurs publiés sous ce titre : *Montagnes et torrents*, notamment dans la livraison d'avril 1882, tome XI de la Rev. des quest. scient., p. 487.

est utilisé pour la rectification du cours d'eau en aval, à l'aide de curages périodiques peu dispendieux auxquels sont occupés les ouvriers qu'on aperçoit dans le tableau.

C'est un tout autre mode de consolidation qui est représenté au troisième diorama, situé à côté de celle des entrées de l'annexe qui donne sur la galerie extérieure. Là nous ne sommes plus, comme au Bourget et au Riou Bourdoux, dans les Alpes et aux environs de Barcelonnette, mais bien en pleines Pyrénées, non loin de la station balnéaire de Cauterets. Le versant qui domine la *Combe de Péguère,* exclusivement composé de fragments détritiques et de blocs d'éboulis, autrefois maintenus par un recouvrement de terre végétale supportant une puissante végétation herbacée, mais dénudé par un pâturage abusif, en était arrivé à un état instable des plus inquiétants : il constituait ainsi une menace perpétuelle d'écroulement sur la petite ville et ses environs. Dès 1885, à la séance du 9 novembre, M. Demontzey avait signalé cet état de choses à l'Académie des sciences, en indiquant les moyens de parer à ce danger. Les travaux d'exécution, en pleine activité aujourd'hui, sont indiqués par le tableau dioramique. Sur les blocs les plus gros et présumés les plus solides, on a, en commençant par le sommet, appuyé de petits murs de soutènement en pierres sèches qui, en fixant les zones les plus branlantes du versant, les relient à celles où des fragments plus petits, mêlés de sable et de quelque terre végétale, comblent les interstices des éléments plus volumineux. Sur les bandes ainsi laissées en terrain naturel, on a assujetti des plaques de gazon ; la végétation frutescente et arbustive s'implantera petit à petit sur le sol ainsi reconstitué et préparera la place, pour un peu plus tard, à la végétation forestière proprement dite. Au moment où la vue a été prise, la moitié environ du travail était faite. On voit les ouvriers, sous la direction des préposés forestiers, eux-mêmes dirigés par les ordres de leurs chefs, occupés, sur le versant du précipice, à leur périlleuse besogne. Les outils s'usent vite à ce rude service. Aussi un atelier volant, fourni de tout l'attirail nécessaire à la prompte réfection et réparation des outils, accompagne-t-il toujours les équipes d'ouvriers. C'est du fond d'un de ces ateliers, situé sur la rive gauche de la Combe, que l'on a vue sur le versant soumis aux travaux de consolidation.

Nous voici arrivé au terme de cette excursion rapide à travers les expositions forestières, avec celle de 1889 pour principal objectif. De celle-ci nous n'avons guère fait, on peut le dire, que décrire superficiellement l'aspect superficiel. Elle contient cependant les éléments d'une étude approfondie et complète de tout ce qui constitue, ou à peu près, l'art forestier en France et ses applications multiples. Aussi a-t-elle été fort remarquée, en outre du gros public, par les hommes compétents ; au point qu'il s'est produit, à son honneur, un incident qui ne saurait être passé sous silence. Le jury chargé d'apprécier les produits exposés par toutes les nations dans la Classe 42, qui comprend les produits des forêts, a proposé, sur l'initiative d'un de ses membres, M. Crespo y Martinez, délégué du Mexique, de donner un grand prix à l'Administration forestière française. Celle-ci, par l'organe de ses représentants, avait objecté que, plusieurs de ses agents étant jurés dans diverses autres classes, elle devait, d'après le règlement, se trouver hors concours. Mais les jurés étrangers, s'étant élevés unanimement contre cette interprétation qu'ils jugeaient inapplicable au cas particulier, ont entraîné l'opinion de leurs collègues français qui ont, avec eux, voté la proposition.

C'est là, nul n'y contredira, le plus bel éloge qui puisse être fait de l'exposition du Pavillon des Forêts au Trocadéro. On peut s'étonner, toutefois, de n'y avoir rien vu concernant le service de la fixation des dunes, qui avait été si heureusement représenté au Chalet forestier de 1878. A part cette lacune, rien ne manque à ce véritable musée forestier... si ce n'est la permanence, au moins une permanence relative, laissant aux hommes d'étude un temps et un calme suffisants pour mettre à profit l'inépuisable collection de documents en nature, et surtout écrits ou dessinés, que renferme le Pavillon des Forêts.

Car tel est le revers de médaille de ces splendides mises à jour que, disposées de manière à attirer avant tout l'attention des désœuvrés et du public flottant, elles arrivent au terme du délai qui leur est assigné précisément au moment où un public moins nombreux, plus spécial et surtout plus attentif, pourrait tirer profit de ces richesses intellectuelles et mettre en œuvre une partie de cet ensemble si détaillé et si complet.

NOTES BIBLIOGRAPHIQUES

Traité de Sylviculture, par L. Boppe, professeur de sylviculture à l'École nationale forestière, membre du Conseil supérieur de l'Agriculture. — Un vol. in-8° de xxxvi-444 pp. — 1889. Nancy et Paris, Berger-Levrault.

Cours de technologie forestière, *créé à l'École de Nancy par H. Nauquette, directeur honoraire de l'École.* Édition entièrement nouvelle, publiée par L. Boppe, professeur de sylviculture à l'École nationale forestière, ancien élève de cette école. — Un vol. in-8° de xvi-335 pp. — 1887. Nancy et Paris, Berger-Levrault.

Les deux ouvrages dont les titres sont inscrits ci-dessus se complètent l'un par l'autre; et si nous les présentons en un ordre inverse à leur ordre chronologique, c'est que les circonstances qui ont amené leur composition et leur publication successives n'imposent point cet ordre à l'écrivain chargé d'en rendre compte. Celui-ci reste libre de les examiner dans leur ordre logique, lequel implique la connaissance de la culture et des lois de la production et du développement des bois avant celle de la manière de procéder à leur abatage et à leur débit.

Le *Traité de Sylviculture* de M. Boppe n'est point une innovation, en ce sens qu'il existait déjà d'autres ouvrages sur la matière. Sans parler du *Traitement des bois en France* de M. Broillard, qui s'adresse spécialement aux particuliers propriétaires de bois; ni du *Manuel de Sylviculture* de M. Bagneris, qui est plutôt un compendium, un memento, qu'un traité; moins encore du *Guide du forestier* de M. Bouquet de la Grye, beaucoup plus abrégé et qui est surtout destiné aux simples préposés (brigadiers et gardes); nous avions le *Cours de culture des bois* de MM. Lorentz et Parade, qui est, en France, l'ouvrage classique par excellence en matière de sylviculture. Mais, subissant le sort de toutes choses ici-bas, cet ouvrage, qui fut longtemps et à juste titre la loi et les prophètes au sein de l'administration forestière française, a un peu vieilli. Non pas qu'il ne soit toujours excellent et qu'il ne contienne les principes généraux dont on ne se départira jamais impunément; mais des faits nouveaux se sont produits, des découvertes, des observations nouvelles se sont ajoutées, depuis la mort des auteurs, au fonds commun de connaissances existant de leur temps, et le *Cours de culture* a fini par se trouver incomplet. Quand parut sa première édition, en 1837, la sylviculture était en France une science toute nouvelle, presque inconnue encore : à peu près seules, les onze promotions sorties de l'École royale forestière depuis sa fondation possédaient les principes et les notions générales de cette science que leurs maîtres avaient été étudier en Allemagne d'après les Hartig et les Cotta, sans négliger d'ailleurs nos naturalistes du XVIIIe siècle, les Duhamel, les Buffon, les Varenne de Fenille, qui avaient posé, d'après leurs connaissances en physiologie végétale, les premiers principes d'une exploitation rationnelle des forêts. Mais leurs sages prescriptions avaient été peu écoutées et peu suivies. Sans doute les saines traditions du métier n'étaient pas nouvelles au sens absolu du mot; car lorsqu'on compulse les vieux documents concernant celles de nos forêts domaniales qui ont appartenu jadis aux anciens ordres religieux, on n'est pas peu surpris d'y trouver prescrites et appliquées les règles les plus en rapport avec une gestion rationnelle et savante. Seulement c'était là une exception, et une exception généralement oubliée. L'ordonnance de Louis XIV (1669), préparée par les soins de ce grand ministre qui s'appelait Colbert, constituait assurément un progrès considérable sur les pratiques communément suivies auparavant; combien les règles d'exploitation dont elle prescrivait l'observance étaient encore primitives cependant, et éloignées de celles qui ont prévalu depuis la fondation de l'École forestière de Nancy! Enfin, et c'est le pire, la révolution avait passé par là, grande destructrice des forêts comme de tout ce qui avait un passé derrière soi. Le premier Empire, en état de guerre perpétuelle, n'avait pu donner ses soins à une branche de l'administration publique aussi importante mais en même temps aussi spéciale que la gestion des forêts. C'est la Restauration qui, dès qu'elle eut pu, allant au plus pressé, panser les plaies des deux invasions et des guerres plus glorieuses que profitables qui les avaient provoquées, étendit la première sa sollicitude au domaine forestier de la France et le sauva en quelque sorte par ces deux importantes mesures : la création de l'École forestière de Nancy en 1824, l'élaboration et la promulgation, en 1827, du Code forestier qui, reprenant à la célèbre ordonnance royale de 1669 tout ce qu'elle avait de compatible avec le nouvel ordre de choses, rajeunissant le surplus pour l'adapter à des temps plus récents, fut un véritable monument de sage législation appropriée aux circonstances. Grâce à elle, les forêts purent être conservées et améliorées, au moins jusqu'à ces dernières années.

Le *Cours de culture des bois*, professé d'abord, puis publié à la suite de ces mesures fondamentales, a suffi longtemps aux besoins de l'enseignement supérieur; et M. Boppe a pu, en toute logique, publier son *Cours de technologie forestière*, dont nous parlerons plus loin, avant son *Traité de Sylviculture :* ses élèves étaient nourris des préceptes du *Cours de culture*, qu'il avait du reste complété pour eux dans ses leçons orales, et pouvaient aborder hardiment l'étude de l'exploitation proprement dite et des divers modes de débit des bois. Sa nouvelle publication arrive ainsi à son heure pour enseigner les jeunes gens, rafraîchir la mémoire et compléter les connaissances des forestiers d'âge mûr, charmer les loisirs de leurs devanciers qui conservent dans la retraite le goût des choses du métier, instruire enfin tous ceux qui, à un titre quelconque, propriétaires, gérants ou régisseurs, sont intéressés à la prospérité des forêts grandes ou petites et à tout ce qui s'y rattache.

Le *Traité de Sylviculture* se partage en cinq grandes divisions. Il envisage d'abord la forêt quant à sa *Constitution naturelle* (1°); en second lieu, il la considère quant à sa *Constitution économique* (2°); puis il indique le *Traitement* ou, plus exactement, *les traitements* (car il y en a un assez grand nombre) qui sont ou peuvent être appliqués aux forêts pour en réaliser le produit tout en les entretenant et les conservant en bon état (3°). Dans un sens restreint, l'*Exploitation des forêts*, en tant qu'exploitation culturale plutôt qu'industrielle, est le sujet de la quatrième grande division; et les *Peuplements artificiels*, comprenant les repeuplements proprement dits, les reboisements de montagnes, les créations de massifs forestiers en terrains dénudés, la fixation des dunes, etc., sont rangés dans la cinquième de ces divisions premières de l'ouvrage.

I. Dans la *Constitution naturelle de la forêt* l'auteur expose non seulement ce qui la constitue directement et à proprement parler, c'est-à-dire l'arbre, ses nombreuses espèces ou *essences* et leur mode de groupement, la nature du sol, en ses divers éléments tant minéralogiques que purement physiques ; — mais encore ce qui influe plus ou moins directement sur les uns et les autres : agents atmosphériques, climats, expositions, etc.

L'eau est un des agents les plus indispensables à la végétation, servant de véhicule aux matières nutritives de la plante et fournissant à celle-ci l'hydrogène et l'oxygène qui entrent dans la composition de ses principes immédiats. Elle se présente soit à l'état de pluie, de neige ou de rosée et, sous cette forme, d'une manière le plus souvent utile ; soit à l'état de givre, de grêle ou de verglas, toujours plus ou moins nuisibles. Le soleil, par ses radiations tant calorifiques que lumineuses, préside à la nutrition de la plante et lui donne la vie. Le rôle *utile* de l'électricité dans la végétation n'est guère mentionné que pour mémoire. Cependant M. Grandeau, dont notre auteur cite et s'assimile souvent les travaux, a donné, dans son compact ouvrage sur *La nutrition de la plante*, des indications sur ce sujet, qui eussent pu être indiquées : " Toutes conditions égales d'ailleurs, dit-il, qualités physiques et chimiques du sol, température, exposition, climat, la végétation prendra un plus grand développement dans les lieux où l'action électrique de l'air peut se faire sentir (1). " Il est vrai que, d'autre part, sous la forme de foudre, l'électricité " produit des désordres souvent mortels, dit avec raison M. Boppe, sur les arbres qui en sont frappés ".

Les courants atmosphériques ont également une influence utile ou nuisible à la végétation suivant qu'ils se manifestent sous forme de brises ou de vents modérés, qui déplacent continuellement et sans secousses les couches d'air, ou qu'ils se précipitent en tempête, en vents violents, desséchant l'atmosphère, soulevant et déplaçant les terrains mouvants, brisant ou déracinant les arbres qui se trouvent sur leur passage.

Sur la description des climats, soit de plaine, soit de montagne, forestiers et maritimes ou continentaux ; sur les sols, leurs éléments de fertilité, leur classement ; sur l'influence de l'état boisé pour la conservation, l'accroissement même de la fertilité du sol, — nous ne nous étendrons pas aujourd'hui. Nous avons en effet déjà traité, ici-même, — avec moins d'autorité assurément, mais dans le même sens et le même esprit, — toutes ces questions en deux études intitulées respectivement : *Le couvert et la couverture du sol forestier* (2), et *Sols, climats, altitudes (Études forestières)* (3). — Nous avons hâte, laissant de côté ce

(1) Cf. L. Grandeau, *L'électricité atmosphérique et la végétation* in LA NUTRITION DE LA PLANTE ; *L'atmosphère et la plante*, p. 341.

(2) *Revue des quest. scientif.*, livraison d'avril 1880, t. VII, pp. 393 et suiv.

(3) *Ibid.*, liv. de juillet 1881, t. X, pp. 57 et suiv.

Comme M. Boppe, nous nous sommes beaucoup servi dans ces deux

qui est commun aux forêts comme à tous autres phénomènes de la végétation, d'arriver à ce qui est exclusif aux premières et les constitue spécialement, à savoir l'arbre considéré 1° individuellement, 2° dans les diverses essences forestières, 3° à l'état de massifs ou de peuplements.

Les parties constitutives de l'arbre ; son mode de végétation et d'accroissement dans nos climats tempérés à retour périodique des saisons ; ses différentes formes suivant l'espèce, l'âge, les conditions de la végétation à l'état isolé ou à l'état rapproché et plus ou moins serré ; ses modes de reproduction par semence, et au moyen de ce que l'auteur nomme " rajeunissement par les *axes* „ (rejets, drageons, marcottes, boutures) ; voilà ce qui se rapporte à l'arbre considéré en lui-même, et forme une subdivision spéciale sous cette rubrique significative : **L'arbre.**

Suivent **Les essences**, leurs définitions et distinctions en *arbres, arbrisseaux, morts-bois*, bois *durs* et bois *blancs* ou tendres ; leur *tempérament*, c'est-à-dire le mode d'action sur elles de la lumière, de l'ombre, de l'humidité, de la sécheresse, de la chaleur, du froid, de la nature du sol, comme aussi leur plus ou moins grande longévité; leur classement soit en espèces *sociales*, comprenant toutes les essences à graines lourdes, — *disséminées*, à graines toujours légères, les " fruitiers „ exceptés, — en espèces *indigènes* et *naturalisées*, — en essences *feuillues* et essences *résineuses* ; enfin leurs MONOGRAPHIES. Celles-ci sont au nombre de 24; certains *groupes* comme les " Fruitiers „ n'en formant qu'une seule chacun ; encore ces " Fruitiers „, plus ou moins séparés botaniquement, sont-ils ici réduits à trois : l'Alisier des bois, *Sorbus torminalis* (Crantz), le Sorbier cormier, *S. domestica* (Lin.) et le Merisier, *Cerasus avium* (Mœnch.). Rien de l'Allouchier ou Alisier blanc, *Sorbus aria* (Crantz.), ni du Cochène ou Sorbier des oiseleurs, *S. aucuparia* (Lin.). Il n'est point question non plus du Poirier et du Pommier sauvages, *Pirus communis* (Lin.), *Malus acerba* (Mérat), qui cependant se rencontrent aussi fréquemment en forêt que bien d'autres essences disséminées. Les arbres non indigènes mais naturalisés, même de longue date, comme les Platanes, le Noyer, le Marronnier d'Inde, le Cèdre du Liban, le Pin Weymouth et jusqu'au Robinier, *Robinia pseudo-acacia* (Lin.), si répandu aujourd'hui dans les forêts, sont simplement

études des travaux de M. Grandeau et, d'après lui, des agronomes forestiers allemands, notamment d'Ebermayer. — Nous avons mis également à profit les mémoires et ouvrages de MM. Fliche et Henry, de l'École forestière de Nancy, Dehérain, de Gasparin, Stanislas Meunier, Coquand, etc.

mentionnés avec plusieurs autres moins importants, mais n'ont pas été jugés dignes des honneurs de la monographie. Ces omissions, que n'avait pas toutes faites le *Cours de culture des bois*, s'expliquent d'ailleurs. Depuis l'apparition de ce classique traité et plus de vingt ans après sa première publication parut, en 1858, la *Flore forestière* de M. A. Mathieu. La troisième et dernière édition (publiée en 1877) de cette *Flore* est aujourd'hui entre les mains de tous les forestiers français et de bon nombre de forestiers appartenant à d'autres nationalités. Là sont décrits, non seulement par leurs caractères botaniques, mais aussi, chaque fois qu'il y a lieu, avec toutes les données culturales et industrielles utiles, tous les arbres, arbrisseaux, arbustes, sous-arbrisseaux forestiers dicotylédones indigènes en France et en Algérie, ainsi que tous ceux qui, d'origine étrangère, sont naturalisés dans nos pays d'une manière suffisamment assurée pour pouvoir être considérés comme acquisitions définitives. Il était donc loisible à l'auteur d'un Traité, non pas de botanique ou d'arboriculture forestière, mais de sylviculture générale, de ne donner de monographies détaillées que sur les essences exclusivement indigènes et principales, se bornant à énumérer les autres : ses lecteurs savent tous qu'ils n'ont qu'à ouvrir la *Flore forestière* pour y trouver toutes les monographies qui manquent dans le *Traité de Sylviculture*.

Après avoir envisagé l'arbre en lui-même d'abord, puis dans ses différentes essences, avec les exigences, le tempérament de chacune d'elles, il reste à le considérer non plus individuellement, mais groupé en plus ou moins grand nombre et en massif plus ou moins serré dans un espace donné, à l'état de **peuplement** autrement dit. A propos de la formation des peuplements, la fameuse question des *alternances* est traitée ou plutôt indiquée en quelques lignes. L'école actuelle (nous prenons ici le mot " école " dans le sens de " doctrine ") n'admet pas les alternances en matière de végétation forestière, du moins en un sens analogue à celui qu'il a dans les théories " qui trouvent leur application en agriculture. " Nous n'entrerons pas ici dans une discussion qui d'ailleurs ne nous paraît pas épuisée ; empressons-nous toutefois de reconnaître que les explications données de l'élimination naturelle de certaines essences et de leur remplacement par d'autres sont, dans l'application courante, parfaitement plausibles, nous dirons même rigoureusement exactes, et que dès lors elles suffisent dans la pratique. La question de l'existence ou de la non-existence d'une loi plus générale soumettant, sauf des cycles de temps plus considérables, les végétaux forestiers aux mêmes conditions que les plantes agrestes, devient ainsi une question purement théorique pouvant être réservée, niée même si l'on y tient absolument, sans inconvénient pour la bonne gestion des forêts.

II. Quand on s'occupe de la *Constitution économique de la forêt*, on ne l'envisage plus au point de vue des phénomènes d'histoire naturelle qu'elle présente dans le règne végétal, mais on la considère comme un capital susceptible de produire un revenu, et l'on cherche le moyen de rendre ce revenu aussi régulier que possible. On atteint ce but, dans la mesure réalisable, au moyen de l'*aménagement*. Considéré dans toute son étendue, ses détails et les multiples applications qu'il peut impliquer, l'aménagement constitue à lui seul toute une science d'application et demande des traités spéciaux ; mais cette science repose sur des données élémentaires et générales qui font partie intégrante de la sylviculture ; comme telles, elles doivent être présentées et suffisamment développées pour rendre l'élève apte à en aborder plus tard l'étude d'application avec toute l'étendue et l'ampleur qu'elle comporte. Ces données élémentaires reposent principalement sur l'**exploitabilité** à l'aide de laquelle on détermine la **possibilité**, deux termes, deux ordres d'idées dont nous avons suffisamment entretenu les lecteurs de la *Revue des questions scientifiques* pour qu'il soit hors de propos d'y revenir ici (1). Les divers systèmes d'aménagement sont déterminés d'après la possibilité suivant qu'elle est réglée par surface ou étendue sur le terrain, par volume du bois à exploiter ou par nombre de pieds d'arbre.

III. Le *Traitement des forêts* diffère de leur aménagement en ce qu'il peut se concevoir indépendamment du capital qu'elles représentent et du revenu à en tirer, au moins d'une manière périodique et à intervalles rapprochés. Sans doute il s'allie le plus souvent, dans la pratique, à l'aménagement soit assis et réalisé d'avance sur le terrain, soit au moins intentionnel et permettant de régler les exploitations suivant un plan voulu et préconçu ; en réalité ce sont deux choses différentes, l'une, l'aménagement, étant essentiellement subordonnée à l'autre. Le

(1) Cf. *De l'exploitabilité et de la possibilité*, REVUE DES QUEST. SCIENT., octobre 1887, t. XXII, pp. 398 et suiv., et juillet 1888, t. XXIV, pp. 68 et suiv.

traitement, — et nous entendons ici le traitement méthodique et raisonné, non la pratique toute primitive consistant à couper du bois au hasard, au fur et à mesure des besoins, à peu près comme on va puiser de l'eau à la fontaine, — le traitement des forêts est défini très heureusement par notre auteur : " l'ensemble des opérations culturales qui leur sont appliquées systématiquement, en vue d'en obtenir la plus grande quantité possible de bois exploitable ".

Suivant l'origine, la forme, la consistance des peuplements, le régime auquel ils ont été antérieurement soumis, leur composition en massifs purs ou mélangés, les essences qui y dominent ou y règnent exclusivement, l'état de la végétation, — le meilleur mode de traitement à leur appliquer pourra varier dans d'assez grandes proportions. Il pourra être immédiatement *permanent* si la régularité du peuplement s'y prête, *temporaire* dans les cas contraires. Temporaires et permanents, les modes de traitement énumérés et décrits dans le *Traité de sylviculture* sont au nombre de huit ; mais les modes permanents (on en compte six) peuvent se ramener à trois, qui ne sont pas inconnus pour les lecteurs de la *Revue*, savoir :

La FUTAIE, le TAILLIS SIMPLE et le TAILLIS COMPOSÉ OU SOUS-FUTAIE.

Nous nous sommes occupé des deux derniers, en octobre 1887 et juillet 1888, et n'avons pas à y revenir aujourd'hui. Observons toutefois qu'il est deux modes du taillis simple, assez secondaires à la vérité, que nous n'avions point signalés, et dont il peut être intéressant de dire quelques mots. Il s'agit des taillis *furetés* et des *têtards* et *arbres d'émonde*.

Le furetage d'un taillis consiste à parcourir plusieurs fois le même peuplement dans la durée d'une révolution, en n'exploitant chaque fois sur chaque cépée que les brins les plus gros et ayant atteint l'âge fixé pour l'exploitabilité. Supposons un taillis fureté s'exploitant à 30 ans : on le parcourra tous les 10 ans, par exemple, en n'enlevant chaque fois que les brins ayant atteint l'âge de 30 ans, et l'on aura ainsi un peuplement de trois âges aussi intimement mêlés que possible, puisque ces trois âges se retrouveront sur chaque cépée. Ce mode de traitement est avantageux pour les essences qui ont impérieusement besoin d'ombre, comme le hêtre entre autres, parce qu'il maintient le sol toujours plus ou moins couvert et procure ainsi de l'ombre aux jeunes rejets et aux semis. Il a d'ailleurs l'inconvénient grave d'obliger à introduire les animaux et les charrois au sein de peuplements en pleine croissance.

L'exploitation en *têtards* consiste à étêter les arbres à une certaine hauteur de la tige, ou plutôt du tronc, et à revenir couper à brefs intervalles les rameaux qui ont pris naissance autour de la section résultant de ce tronçonnement. Chaque tronc ainsi mutilé devient comme un sol artificiel dont le produit est représenté par la frondaison dont il se couvre. On n'obtient guère ainsi que du menu fagotage. Toutefois, appliqué aux saules de la division des osiers et des angustifoliés, principalement au Saule blanc, *Salix alba* (Lin.), ce mode d'exploitation produit, tous les 3 ou 4 ans, des brins propres à la vannerie, au cerclage et à la fabrication des liens.

Les *arbres d'émonde* sont ceux dont on exploite la frondaison, non en écourtant leur tige, mais en l'élaguant périodiquement de toutes les branches et ramilles qu'elle a jetées autour d'elle. On a un type de ce mode d'exploitation dans le peuplier d'Italie, qui ne conserve même qu'à ce prix sa forme pyramidale régulière. Les arbres d'essences dures, ainsi traités, ne se dégradent pas à l'intérieur comme les têtards et peuvent fournir un jour des pièces de charpente d'une grande résistance.

On sait que le régime de la *Futaie* est caractérisé moins par la hauteur et la dimension des arbres que par le mode de régénération des peuplements ainsi traités, c'est-à-dire par le semis naturel comme élément principal et essentiel (1).

Les arbres résineux ou conifères étant incapables de " se rajeunir par les axes, " autrement dit de se reproduire par rejets de souche, marcottage ou drageons, le régime de la futaie est le seul qui leur soit applicable, tandis que les arbres feuillus ou angiospermes, surtout ceux qui sont doués d'une grande longévité, peuvent être soumis à ce régime aussi bien qu'à celui du taillis.

Il y a plusieurs manières d'appliquer le régime de la futaie. Notre auteur les rattache à deux seulement : la *Futaie régulière* et la *Futaie jardinée*. La première est celle où l'on maintient les peuplements à l'état régulier ou uniforme, soit en les dégageant par des coupes d'éclaircie successives, de manière à laisser toujours aux arbres maintenus sur pied une part d'espace, d'air et de lumière proportionnée à leur développement, soit en les abandonnant pendant toute la durée de la révolution pour en exploiter en une coupe unique tous les arbres sauf la réserve de quelques-uns laissés à titre de *porte-graine*. Ce dernier mode,

(1) Cf. *Revue des quest. scientif.*, art. déjà cité, t. XXII, p. 409.

dont le savant écrivain fait un cas particulier du régime de la futaie, et qui se pratique en asseyant les coupes par contenance et de proche en proche, est connu sous le nom de *tire et aire*, ce qui ne veut pas dire : " avec réserve d'un certain nombre de porte-graine, „ bien que cette réserve soit comprise dans le régime. Le sens, assez obscur en soi, des mots *tire et aire*, est ainsi expliqué dans le *Dictionnaire des eaux et forêts* de Baudrillart : " Ces coupes seront faites à tire et aire, c'est-à-dire de suite, sans relâche et sans intermission de la vieille vente à la nouvelle, et en allant toujours devant soi... Ce mode est bon pour les taillis (1). „ Et de fait la même expression s'emploie aussi pour l'exploitation des carrières à ciel ouvert, quand on veut obliger l'entrepreneur à n'entamer aucune parcelle nouvelle de sa concession avant que les précédentes aient été complètement épuisées (2). Ce terme d'ailleurs, qui semble bizarre, paraît être la corruption d'une expression plus intelligible et qui justifierait la signification que lui donne Baudrillart ; il viendrait de *tirer aire* ou *tirer à aire*. Le mot *aire* étant synonyme de *surface*, la vieille locution forestière devient plus facile à comprendre : elle signifie *tirer à la surface*, c'est-à-dire se régler d'après une surface ou contenance donnée.

Quoi qu'il en soit de ce point de détail, le sympathique auteur expose avec grande impartialité les avantages et les inconvénients de chacun des régimes ou modes de traitement, tout en exprimant, suivant son droit, et justifiant ses préférences pour la Futaie régulière normale, dont le mode de traitement est souvent désigné sous ce vocable : " Méthode du réensemencement naturel et des éclaircies, „ ou, plus abréviativement, *Méthode naturelle*, bien que tout y soit en réalité artificiel, au moins en ce sens que ce n'est que par une longue série d'exploitations culturales savantes et habilement dirigées, que l'on peut arriver à constituer une futaie régulière normale, laquelle ne résulte jamais du seul jeu des forces de la nature privées du concours de l'homme. La forêt cultivée, c'est-à-dire soumise à une direction raisonnée, qui se rapprocherait le plus de l'état de nature, ce serait la forêt

(1) Baudrillart. *Dictionnaire général raisonné et historique des eaux et forêts*, Paris 1825. T. II, au mot *Tire et Aire*.

(2) Notre auteur lui-même a employé l'expression de *tire et aire* en un sens analogue, dans son *Cours de technologie forestière* dont nous nous occupons plus loin. On y lit, en effet, à la page 140, à propos de l'abatage des taillis : " D'ailleurs les ouvriers abattent les bois à tire et aire, *c'est-à-dire de proche en proche*, et dirigent la chute des brins, etc. „

traitée en *Futaie jardinée*, où les arbres de tous âges se trouvent rapprochés les uns des autres, depuis le brin de semis naissant jusqu'à l'arbre exploitable, avec tous les intermédiaires: où l'on va chercher, pour les abattre, les arbres parvenus à maturité là où ils se trouvent, et dont l'exploitation n'occasionne jamais de vide, de trouée ou de découvert sensible, parce qu'ils sont distants les uns des autres, et que tout l'espace qui les séparait est couvert par des sujets plus jeunes quoique d'âges variés.

Le mérite réciproque de la Futaie régulière et de la Futaie jardinée a donné lieu à bien des discussions et pourrait en motiver bien d'autres encore. On ne saurait nier toutefois que la première soit plus savante, implique, pour être bien comprise et bien dirigée, une plus grande somme de connaissances, et soit par elle-même, au moins théoriquement, bien plus satisfaisante pour l'esprit. Il est toutefois telle et telle circonstance où la méthode dite du *jardinage*, et dont nous venons d'indiquer le principe, est non seulement préférable, mais même la seule applicable, ce que l'auteur constate lui-même du reste, en exposant avec une parfaite clarté les raisons de ces différences de traitement.

En ce qui concerne les bois feuillus, il y aurait également matière à discussion sur le mérite comparé du régime de la futaie régulière et de celui du taillis composé *à longue révolution*. De très bons esprits donnent la préférence à ce dernier régime, sinon d'une manière absolue, au moins dans certains cas faciles à déterminer. Nous n'avons pas d'ailleurs à entrer dans ce différend. Constatons seulement que du moins notre méthodique et sagace écrivain démontre magistralement, en ce qui concerne les taillis, la supériorité, tout au moins quant aux essences supérieures, des longues révolutions, comme 35 ou 40 ans, qu'il s'agisse de taillis composés ou même de taillis simples, sur les révolutions de 18 ou 20 ans par exemple ; on ne devrait adopter ces dernières que dans les terrains par trop maigres et ingrats pour nourrir plus longtemps de bons brins de cépée. Encore n'est-il pas démontré que, dans bien des cas, l'on n'améliorerait pas le sol, à la longue, en prolongeant suffisamment la durée de la révolution.

Par cela même que chacun des deux régimes de la futaie et du taillis implique plusieurs modes, il peut se présenter telle circonstance où l'on ait intérêt à faire passer une forêt ou un peuplement donné de l'un de ces modes à l'autre. Quand on veut amener un massif forestier, où les âges sont confusément mêlés, à l'état d'une suite de peuplements uniformes et d'âges réguliérement gradués, on y parvient par un traitement essentiellement temporaire, dit de *transformation* : c'est le cas d'une futaie jardinée que l'on voudrait transformer en futaie régulière, ou d'un taillis fureté qu'il s'agirait de ramener à la méthode ordinaire du taillis. Si, pour un motif quelconque, il fallait effectuer les opérations inverses et appliquer le furetage à un taillis régulier ou le jardinage à une futaie normale, c'est encore par des coupes de transformation que l'on arriverait à ce résultat.

Ce n'est pas tout. L'on peut également avoir intérêt à convertir un taillis simple en taillis composé ou l'un et l'autre en futaie et réciproquement. L'on y parvient par les traitements dits de *conversion.*

Transformations et conversions exigent des opérations spéciales et compliquées qui varient beaucoup suivant l'état des peuplements. Elles sont supérieurement exposées dans le *Cours de culture des bois* auquel notre auteur fait de judicieux emprunts, qu'il complète du reste par ses observations personnelles. Nous ne saurions les résumer ici.

IV. Le mot *exploitation,* dans l'économie rurale et forestière, dit Baudrillart, " comprend tous les travaux qui ont pour objet d'obtenir des produits d'une terre, d'un bois ou de quelque autre propriété de ce genre ; mais l'usage en a restreint la signification, dans l'économie forestière, à la coupe des bois sur pied, *sylvarum cædes,* et au façonnage du bois coupé, *utilior lignorum confectio* " (1).

C'est dans le premier de ces deux derniers sens, *sylvarum vel arborum cædes,* que l'on a à envisager l'*Exploitation des forêts* dans un traité de sylviculture. Et comme, en dehors des opérations spéciales de boisement et repeuplement dont il sera dit quelques mots plus loin, la " culture des bois " se fait à peu près exclusivement au moyen de la direction et de la marche imprimées aux *coupes,* c'est-à-dire aux exploitations, dont quelques-unes sont même exclusivement culturales, on doit ajouter, en sylviculture proprement dite, au sens du mot " exploitation ", une idée de soins culturaux.

L'assiette des coupes, l'abatage du bois, le façonnage et l'enlèvement des produits, sont les points sur lesquels doit porter très principalement l'attention du forestier ; car de leur bonne ou mauvaise exécution peut dépendre l'avenir même de la forêt.

(1) Baudrillart, *Dictionnaire des eaux et forêts,* t. II.

Ayant exposé naguère en quoi consistent les *règles d'assiette* (1), nous n'y reviendrons pas, si ce n'est pour signaler ce fait, que l'auteur a légèrement modifié la troisième d'après M. Bagneris et diverses observations personnelles, et supprimé la quatrième, en la faisant rentrer, par extension, dans la troisième. La modification apportée à celle-ci consiste à remplacer généralement, au moins en France, les directions du nord au sud et de l'est à l'ouest par la direction du nord-est au sud-ouest (2).

L'abatage, le façonnage et l'enlèvement des produits ne sont traités que sommairement, l'étude développée de ces questions trouvant naturellement sa place dans la *Technologie*. Mais, à la suite des données générales rapidement exposées qui les concernent, il y a les soins à accorder aux peuplements parcourus par les exploitations, pour leur entretien et leur amélioration : notamment les repeuplements artificiels (semis ou plantations), soit pour compléter le massif sur les points où se seraient produits des clairières, des trouées ou des vides, soit pour introduire des essences précieuses absentes dans le peuplement ; l'émondage des arbres laissés en réserve sur les taillis, pour les débarrasser des branches gourmandes, tout en s'abstenant rigoureusement de procéder à aucun élagage proprement dit. Dans la pratique administrative courante, cette dernière recommandation est excellente : toutefois proscrire tout élagage d'une manière absolue, en dehors de ces rameaux et brindilles à très faible diamètre dont l'enlèvement constitue l'*émondage*, n'est-ce pas un peu excessif ? Les inconvénients constatés lors de l'exploitation d'arbres ayant été élagués sont hors de conteste. Il resterait à savoir si leur cause réside dans l'élagage lui-même ou dans la manière dont il a été dirigé et surtout exécuté. L'opération est assurément des plus délicates ; elle exige, pour la direction, une étude approfondie du mode de croissance des arbres de chaque essence, jointe à une circonspection et à une prudence extrêmes, et pour l'exécution, des ouvriers d'une habileté manuelle consommée. Elle est donc dangereuse entre des mains insuffisamment expérimentées, et il y a lieu de la proscrire en

(1) *Revue des quest. scient.*, t. XXII, pp. 434 et suiv.

(2) Le texte porte, p. 285 : " en allant du Nord-Est au Sud-*Est*. " C'est évidemment une faute d'impression : aller du N.-E. au S.-E., ce serait, par le fait, aller du nord au sud, après s'être placé à l'est du peuplement ou de la forêt à parcourir par les coupes. Mais alors, pour peu que ces coupes soient disposées en 2 ou 3 rangées, la dernière rangée se trouverait à l'ouest des précédentes et irait, relativement à celle-ci, du N.-O. au S.-O.

général dans les grands services publics. Mais il ne paraît pas démontré qu'un propriétaire éclairé, instruit et d'assez de loisirs pour donner tous ses soins à la forêt qui entoure sa résidence, comme feu le vicomte de Courval, dans l'Aisne, et plus récemment le comte de Cars dans le même département, ne puisse point atteindre à des résultats favorables et exempts des très graves inconvénients signalés. En sorte que, tout en approuvant, au point de vue de la pratique administrative courante, les prescriptions de M. Boppe contre l'élagage, nous aurions aimé qu'il les eût présentées d'une manière moins générale et moins absolue. L'auteur sur lequel il s'appuie (1) a puisé d'ailleurs ses renseignements, beaucoup moins en sa propre expérience, que, à peu près exclusivement, dans des auteurs allemands qui avaient peut-être, qui sait? leurs raisons pour être hostiles à un mode de traitement naguère préconisé surtout en France.

Il y a enfin le chapitre de la protection de la forêt contre ses nombreux ennemis, animaux sauvages (mammifères, oiseaux ou insectes), végétaux parasites, et enfin contre l'homme lui-même, le plus terrible de tous. Nous ne nous y arrêterons point, afin de ne pas étendre outre mesure cette analyse déjà longue.

V. Nous passerons rapidement aussi sur les *Peuplements artificiels*, qui font l'objet de la cinquième partie. Semis, conservation des semences, préparation du sol à ensemencer, différents modes de semis, application aux principales essences ; plantations, choix et qualité des plants, entretien et roulement des pépinières tant locales ou permanentes que *volantes* ou temporaires, exécution des plantations suivant les divers modes ou saisons que commandent les circonstances du lieu où l'on opère, puis, comme pour les semis, application aux principales essences ; enfin *boutures et marcottes*, mode accessoire de peuplement artificiel, — tels sont les traits principaux d'un long chapitre qui constitue tout un traité spécial sur la matière.

L'application, en un sens très général, des principes et procédés développés dans ce précédent chapitre au " Boisement des terrains nus „ comprend : 1° la création pure et simple de forêts par voie artificielle dans des terrains seulement improductifs ou insuffisamment rémunérateurs, tant en plaine qu'en coteaux ou en montagne, dans les sables de la Sologne comme

(1) M. Martinet, garde général des forêts, *Considérations et recherches sur l'élagage des essences forestières*. Paris, 1876.

dans les steppes des Landes, opération toujours facultative et laissée à la libre volonté des propriétaires, sauf, en certains cas déterminés, encouragements et subventions par l'État ; 2° les reboisements rendus obligatoires pour cause d'utilité publique, soit pour la restauration et la consolidation des montagnes, soit pour la fixation des dunes mouvantes du littoral.

Nous avons eu occasion d'aborder ici-même toutes ces questions (1). Il semble donc peu à propos d'y revenir dans le compte-rendu développé d'un livre qui d'ailleurs, pour la sûreté de la doctrine, pour l'ordonnance parfaite des matières qu'il étudie, pour la facilité de l'élocution et la clarté du style comme pour l'excellence de la méthode, ne mérite que des éloges et se recommande sans distinction à tous les amis de l'arbre et de la forêt.

Si, quant aux détails de la forme, il nous était permis de signaler, non pas certes quelques taches, nous n'en avons aperçu aucune, mais de simples grains de poussière qu'un souffle suffirait à faire diparaître, nous soumettrons au très savant et d'ailleurs très littéraire auteur nos doutes sur quelques locutions qui, bien que très usitées dans le langage administratif, semblent néanmoins les unes d'un style un peu négligé, d'autres étymologiquement inexactes. Par exemple, l'emploi du pronom démonstratif *celui* ou *celle* immédiatement suivi de l'épithète ou qualificatif appliqué au substantif que ce pronom représente, s'il est à la rigueur correct grammaticalement parlant, est en tout cas peu élégant au point de vue du style ; et l'on ne sache pas qu'il se rencontre souvent chez les auteurs qui font autorité en la matière.

En voici quelques exemples : “ Cette faculté productive s'étend aussi bien aux plantes ligneuses qu'à *celles herbacées* „ (pp. 48 et 49). “ Parmi les espèces indigènes, *celles feuillues* sont douées de la faculté, etc. „ (p. 65). “ Les jeunes plants... supportent mieux le couvert dans les régions chaudes et bien ensoleillées, que dans *celles froides et brumeuses*. „ Mieux vaut, en pareil cas,

(1) Cf. *Revue des quest. scient.*, t. IV (liv. d'oct. 1878), pp. 513 et suiv., et t. V (liv. de janv. 1879), pp. 155 et suiv. : L'ART FORESTIER A L'EXPOSITION UNIVERSELLE DE 1878 : *Reboisement et gazonnement des montagnes. — Terres incultes et improductives. — Fixation des dunes. — Boisement des landes, etc.*

Ibid., t. VIII (liv. d'octobre 1880), pp. 466 et suiv. : *Une exposition forestière en Auvergne.*

Ibid., t. XVI (1884) à t. XX (1886), une série d'articles sous ce commun titre : *Reboisements et repeuplements*, 2e partie de : *Montagnes et torrents.*

employer toute autre tournure; la clarté n'a rien à y perdre, et l'élégance du style ne peut qu'y gagner (1).

Une autre locution, aussi usitée d'ailleurs qu'elle semble peu logique, est celle de *bisannuelle* pour indiquer une périodicité de tous les deux ans. *Bisannuel* veut dire deux fois annuel: Bis, deux fois. On dit, d'une publication périodique paraissant deux fois par semaine ou deux fois par mois, qu'elle est *bi-hebdomadaire* ou *bi-mensuelle*. D'une revue qui paraîtrait deux fois par ans, on la dirait de même bisannuelle. Lors donc que, pour indiquer que le Chêne occidental diffère du Chêne-liège proprement dit seulement parce qu'il met deux ans au lieu d'un à mûrir son fruit, l'on désigne sa maturation comme *bisannuelle*, l'expression n'est-elle pas impropre? Il est vrai que la même anomalie existe déjà en botanique pour les plantes herbacées qui ne durent que deux ans; on les dit *bisannuelles*. Pourquoi ne pas employer le mot *biennal*, dont la signification propre est précisément: " qui dure deux ans "? Énoncer que la maturation des glands du Chêne occidental est *biennale*, ce serait s'exprimer d'une manière qui se comprendrait immédiatement et sans peine.

Fermons la page sur ces minuties; et, du Traité de Sylviculture, passons à la *Technologie* du même auteur.

—

Cet ouvrage, ou plus exactement, le sujet dont il s'occupe, avait été déjà traité antérieurement et par un autre membre du corps forestier enseignant, sous ce titre: EXPLOITATION, DÉBIT ET ESTIMATION DES BOIS, *Cours créé à l'École impériale forestière* par H. Nanquette, conservateur des forêts, directeur de l'École impériale forestière, ancien élève de cette école. La seconde édition du livre de M. Nanquette portait la date de 1868. Le nouvel ouvrage qui le remplace et qui en est comme une troi-

(1) Cette tournure de phrase, déjà désagréable avec le pronom démonstratif pris au féminin, choque bien davantage avec le masculin. On arrive alors à des rédactions comme celles-ci:

" Les eaux pluviales qui alimentent les grandes crues ne commencent à devenir dévastatrices que lorsqu'elles passent de l'état traînant à *celui ruisselant*... "

" L'intérêt des populations pastorales des Alpes et *celui général* commandaient, etc. " (Cf. *Régénération des montagnes des Alpes* dans la REV. DES EAUX ET FORÊTS, t. XXIV, année 1884, pp. 210 et 215).

sième édition, mais entièrement refondue et différente des precédentes, est de 1887. Dix-neuf ans le séparent donc du précédent. Or bien des choses se passent en dix-neuf ans; et de même que le *Cours de culture des bois*, le traité de l'*Exploitation* de ces mêmes bois, quoique moins ancien, avait vieilli lui aussi. D'ailleurs, la seconde édition était depuis longtemps épuisée; et son auteur, atteint par l'inflexible limite d'âge qui renvoie en un moment donné tout fonctionnaire aux douceurs de la retraite et de la vie privée, préférait laisser à son successeur le soin de fixer par l'impression, les modifications et les améliorations que celui-ci avait dû apporter au cours antérieurement créé.

On a dit plus haut que, dans le langage de l'économie forestière, le sens du mot " exploitation " se réduit à deux acceptions : 1° *Sylvarum cædes*, qui implique toujours plus ou moins, parfois même exclusivement, un but cultural; et 2° *utilior lignorum confectio*, qui est surtout une affaire industrielle.

Ce côté industriel n'intéresse pas moins le forestier que l'exploitant, le sylviculteur que le commerçant qui achète les bois sur pied pour en tirer les produits les plus avantageux à son industrie. Et par *forestier*, par *sylviculteur*, nous n'entendons pas seulement le personnel de cette partie de l'administration publique dont la mission est de gérer les forêts de l'État ou des personnes morales placées sous la tutelle de l'État, comme les communes, les hôpitaux, etc., mais quiconque assume, avec les connaissances et les aptitudes voulues, la charge de régler et de conduire le traitement cultural d'une ou plusieurs propriétés en nature de bois, le producteur, en un mot, quel qu'il soit. Celui-ci doit être au courant des procédés de l'exploitant, ou mieux *des exploitants*, ainsi que des diverses sortes de produits que la nature des bois ou les procédés en usage permettent de tirer de tout peuplement forestier exploitable, afin de pouvoir diriger le traitement de la propriété forestière en vue d'obtenir ces produits au maximum de qualité et de quantité. Il doit les connaître également en vue d'exercer une surveillance efficace sur les coupes ou exploitations, et de prévenir ou punir la fraude si elle vient à s'exercer, comme aussi de favoriser dans la mesure du possible les plus utiles des industries qui ont le bois pour matière. Il doit enfin, tout comme l'exploitant, être versé dans l'estimation du volume des bois et de leur valeur marchande tant sur pied qu'abattus, et pouvoir apprécier, suivant les circonstances, le mode de vente le plus avantageux.

De là trois grandes divisions dans un cours de *Technologie forestière* :

1° LE BOIS, ses emplois, les caractères, qualités et défauts des principales essences; sa durée, les causes de son altération, les moyens usités pour assurer sa conservation; ses *produits accessoires*.

2° DÉBIT EN BOIS MARCHANDS, comprenant l'abatage et le premier façonnage des bois en forêt déjà exposé sommairement dans le *Traité de Sylviculture,* le cubage des bois abattus, le débit en bois de feu (chauffage et charbon) et en bois d'œuvre (construction, marine, sciage, fente, tranchage).

3° CUBAGE DES BOIS SUR PIED et MODES DE VENTE des coupes de bois.

Sans entrer dans tous les détails des enseignements multiples et circonstanciés contenus dans ce vaste cadre, nous signalerons toutefois les points les plus saillants.

I. Dans la première partie, l'auteur, s'appuyant d'une part sur les nombreuses observations contenues dans la classique *Flore forestière* de M. Mathieu, et de l'autre sur les données pratiques du *Traitement des bois en France à l'usage des particuliers* de M. Ch. Broillard, dont il a été rendu compte ici-même, livraison de juillet 1881 (1), établit un classement des essences principales tant indigènes que naturalisées, d'après les caractères distinctifs de leur bois et ses principaux emplois. Ce classement est fort digne d'attention.

Il comprend d'abord les deux grandes divisions naturelles en *Bois feuillus* et *Bois résineux,* suivies d'une troisième, artificielle celle-là, mais dictée par la variété et le peu d'importance relative des bois qui la composent, celle des *morts-bois* (arbrisseaux, sous-arbrisseaux, arbustes). Dans la première, deux groupes : 1° Bois à vaisseaux inégaux, les plus gros groupés dans la zone interne des couches concentriques; ce sont tous des bois durs. 2° Bois à vaisseaux fins sans zone interne bien distincte. Dans le premier groupe, deux sous-groupes : le premier sous-groupe comprend les bois dans lesquels la zone poreuse des gros vaisseaux est très apparente, d'où résulte une plus grande élasticité; ce sont les chênes rouvre et pédonculé, le châtaignier, le frêne, le robinier et le micocoulier. Les chênes yeuse et liège à zone poreuse très peu accusée forment le second sous-groupe. Le deuxième groupe comprend des bois durs, comme le hêtre, le charme, les érables, les fruitiers et le noyer, — des bois demi-

(1) T. X de la collection, p. 226.

durs, comme les aunes et bouleaux, — enfin les *bois blancs* proprement dits ou bois tendres, comme les diverses variétés de saules, de peupliers et de tilleuls.

Parmi les *Bois résineux,* il en est dont le bois parfait ne se distingue pas de l'aubier, tels sont le sapin et l'épicéa; et d'autres, comme le mélèze et toutes les variétés de pins, où ces deux qualités du bois sont très tranchées. Il y a donc, dans cette seconde division, un troisième et un quatrième groupe.

On comprend sans peine l'importance que doit avoir, au point de vue de l'emploi de chacun des différents bois suivant les usages auxquels il est le plus propre, ce classement des essences. Chacune d'elles est d'ailleurs examinée en détail avec indication de tous les éléments permettant d'établir sa valeur relative comparée aux autres, et sa valeur intrinsèque considérée relativement à elle-même suivant les conditions des sujets. Un examen analogue, mais naturellement beaucoup plus rapide, est accordé aux essences arbustives, frutescentes et sous-frutescentes : bourdaine, buis, cornouillers, coudrier, épines, fusain, houx, etc.

Cet important exposé est complété par un tableau des densités minima et maxima de toutes les essences précédemment étudiées.

Suit l'indication des causes nombreuses de l'altération des bois abattus : causes physiques, comme celles qui résultent des influences de milieu; altérations chimiques (pourriture) provenant de la présence de ferments et de champignons; ravages causés soit par les insectes qui vivent de la substance ligneuse, soit, quand il s'agit de bois immergés en mer, par le mollusque marin connu sous le nom de *taret.* De nombreuses figures dans le texte fournissent des spécimens des effets produits par ces diverses causes. Il y a aussi les vices résultant de défaut de structure ou de maladies de l'arbre sur pied, l'indication des moyens de tirer parti néanmoins de son bois dans la mesure du possible, et enfin les procédés de préservation et de conservation des bois exploités.

Quelque saisissant intérêt que présentent toutes ces questions, nous les laisserons pour dire quelques mots des *produits accessoires* des essences forestières, dont quelques-uns sont moins connus, bien qu'ils forment parfois la part principale du revenu des peuplements qui les produisent. Ils sont de deux sortes : les écorces et les résines. Les premières fournissent, suivant les essences, des produits bien différents; les unes sont des écorces *à tan* qui, réduites en poudre, servent au tannage des cuirs; les chênes rouvre, pédonculé, yeuse, sont les bois qui en fournissent le plus, mais on en tire aussi, dans certains pays, du chêne liège, de l'épicéa, du pin d'Alep, des aunes, des saules, du sumac. D'autres sont des écorces *à liège* et proviennent exclusivement des chênes *liège*, de la Provence, et *occidental*, des départements du sud-ouest. Enfin il y a les écorces *à tille;* ce sont celles des tilleuls dont la partie interne, le *liber*, détaché en longues lanières après rouissage préalable, est tillé, tordu et façonné en cordes à la manière du chanvre.

Il va de soi que tous les procédés de levée des différentes écorces sont minutieusement indiqués. En ce qui concerne celle des écorces à tan, l'écorçage à la vapeur ne pouvait être passé sous silence; or M. Boppe constate que, par des analyses très soigneusement faites au laboratoire de M. Grandeau, directeur de la Station agronomique de l'est et professeur d'agriculture à l'École forestière, il a été reconnu que, toutes choses égales, et moyennant les mêmes soins d'expédition, d'emmagasinement et de préservation, il n'y a pas de différence sensible de qualité entre les écorces levées en sève et celles qui ont été levées à la vapeur après l'exploitation.

Malheureusement un préjugé aussi tenace que routinier oppose un obstacle à peu près invincible à la diffusion de l'écorcement par ce dernier procédé. Les tanneurs refusent obstinément les écorces levées à la vapeur. Longtemps encore par conséquent les écorces de chêne destinées à la tannerie seront levées en temps de sève, au préjudice des taillis qui ont à supporter cette opération, trop fructueuse sans doute pour être négligée, mais qui ne laisse pas d'être nuisible au recru, tant par le fait de la présence des ouvriers sur le parterre des coupes pendant la période de plus grande activité de la sève, que par la perte de la feuille du printemps toujours plus productive que la feuille d'août.

Les résines végétales fournies par les conifères, qu'on appelle pour cette raison *résineux,* s'obtiennent par le *gemmage*. Cette opération varie avec les essences; mais comme on ne gemme plus guère, au moins en France, que le pin maritime des départements du sud-ouest, le seul résineux qui donne encore des produits suffisamment rémunérateurs, c'est surtout le gemmage de ce pin que notre auteur expose avec détails. Le gemmage du sapin, de l'épicéa, du mélèze, du pin noir d'Autriche et du pin d'Alep, qui n'est exercé que sur une très faible échelle quand il n'est pas abandonné, n'est indiqué que sommairement.

II. L'outillage des bûcherons varie peu dans les diverses parties de la France; il est utile de le connaître cependant, et les figures à l'appui du texte, ici comme dans toutes les parties de la *Technologie*, sont d'un utile secours pour le lecteur. Elles aident d'ailleurs à suivre la description des divers procédés d'abatage et de premier façonnage des produits d'une coupe, soit en piles ou *cordes*, s'il s'agit de bois de feu proprement dit (chauffage) ou de charbonnette (bois à charbon), soit en billes ou billons s'il s'agit de bois d'œuvre. Ces billes et billons, c'est-à-dire des tiges ou portions de tiges dépouillées des branches, cimeaux et houppiers, subissent un classement déterminé par leurs dimensions et les emplois auxquels l'exploitant les destine, tandis que les branchages, de même que les rejets de taillis ou brins trop faibles pour mériter, industriellement parlant, le nom d'arbres, sont répartis, suivant leurs dimensions, en *bois de corde*, fagots et bourrées. Le bois de corde comprend, avec le bois de chauffage, les bois à charbon, qui entraînent la description des procédés de carbonisation de ces bois. Cette fabrication du charbon, qui se fait généralement sur le parterre des coupes, est une des industries les plus caractéristiques résultant de l'exploitation des taillis. Le cubage, c'est-à-dire la détermination exacte du volume de tous ces produits, tant au plein qu'au volume empilé, dans lequel entrent les interstices compris entre les bûches des stères et les rames et brindilles des fagots, implique des opérations assez compliquées que l'auteur expose très complètement, avec indication des calculs, d'ailleurs assez simples, qu'elles nécessitent.

Les divers procédés et moyens d'équarrissage, à vive arête, avec flaches, au quart sans déduction ou au sixième déduit, pour traverses des chemins de fer ; la fabrication des étais de mines, des poteaux télégraphiques, des perches à houblon, des pièces de charronnage ; — voilà pour les bois de construction et de menu service.

Le débit en bois de sciage est des plus variés suivant les pays et suivant les qualités qu'on désire obtenir; car autre est l'aspect d'une planche sciée sur maille ou parallèlement à l'axe de la bille. Le mode de sciage sur maille ou sur quartier varie lui-même à l'infini, non seulement d'une essence à l'autre, mais encore sur la même essence. Au sciage s'ajoute, depuis environ un demi-siècle, le *tranchage*, par lequel on partage, au moyen de mécanismes ingénieux, une bille ou tronce grume successivement en lames minces, dont l'épaisseur peut descendre jusqu'à

2 millimètres et même au-dessous. On obtient ainsi, dans les bois d'essences précieuses et d'un poli élégant, des feuilles pour placage, ou des lames minces pour l'étude microscopique, par transparence, des tissus ligneux.

C'est par la *fente* que l'on fabrique le *merrain* pour la tonnellerie, la cuvellerie, les parquets, la boissellerie, etc. : douves, douelles, chanteaux, cerches, échalas, gournables, bardeaux, et jusqu'aux tables de résonnance pour la lutherie.

Les *bois de marine* n'ont plus la même importance qu'autrefois, aujourd'hui que le fer entre pour la majeure part dans le matériel de la construction des navires. Néanmoins le bois y joue toujours un certain rôle, et il n'est pas sans utilité de connaître la forme et l'emploi des pièces qui y sont encore usuellement employées. C'est par les développements que comporte cette question dans la mesure où elle conserve son importance, que se termine la deuxième grande division du *Cours de technologie forestière.*

III. La troisième, comme on l'a vu, a pour objet le cubage et l'estimation des bois sur pied, et les modes de vente des coupes.

Si le cubage des bois abattus est déjà une opération minutieuse et délicate, en raison des formes toujours plus ou moins irrégulières qu'affectent les arbres et les brins même les mieux venus, à plus forte raison en est-il de même et pis encore quand il s'agit de cuber des arbres *sur pied,* dont on ne peut déterminer directement ni la hauteur ni la grosseur (diamètre ou circonférence) ailleurs qu'à proximité de la base. On arrive bien à évaluer exactement les hauteurs à l'aide d'instruments appelés dendromètres ; on est même parvenu à inventer de ces instruments très facilement portatifs et d'un emploi commode et rapide. Mais la connaissance de la hauteur d'une tige jusqu'au point de découpe et de sa *surface terrière* (c'est-à-dire de sa base considérée à hauteur d'homme, $1^{m},30$ ou $1^{m},35$ au-dessus du sol, pour éviter l'erreur qui résulterait de l'épatement des racines), vous donne seulement deux éléments sur trois du volume d'un tronc de cône dont on ne connaît pas la petite base; et d'ailleurs la forme des fûts, même des arbres les plus réguliers, n'est pas exactement celle d'un tronc de cône. Tout au moins faudrait-il connaître le coefficient de décroissance... Ce n'est que par de nombreuses expérimentations sur des arbres abattus que l'on peut arriver à déterminer ce coefficient, qui varie d'ailleurs d'essence à essence, de forêt à forêt, et souvent d'un peuplement au peuplement voisin dans une même forêt. On établit ensuite des tarifs qui servent à établir les volumes avec une exactitude plus ou moins grande suivant qu'il s'agit de déterminer la possibilité par volume, ou d'estimer une forêt en fonds et superficie, ou simplement d'apprécier le matériel dont se compose une coupe à vendre. Tantôt l'on considère les tiges comme des cylindres qui auraient pour base la surface terrière, tantôt comme des troncs de cône ayant pour grande base cette même surface, et l'on détermine les facteurs de conversion appropriés pour passer de ces volumes de convention aux volumes réels.

Enfin, dans des opérations moins importantes, on peut, avec une pratique et des observations antérieures suffisantes, arriver à évaluer ou juger la hauteur et la grosseur moyenne des diverses classes d'arbres ; on considère alors ceux-ci comme des cylindres qui auraient pour base la surface du cercle que déterminerait un plan passant horizontalement par le milieu de la hauteur de fût propre au service.

Ce sont là seulement de rapides indications, pour donner une simple idée de ce qui est traité d'une manière approfondie dans la troisième partie de la *Technologie forestière*, avec accompagnement de nombreux tableaux formés de chiffres qui résultent d'expérimentations nombreuses et se rapportent non seulement aux coefficients de décroissance et autres quantités les plus généralement employées dans les calculs de cubage, mais encore à l'établissement de tarifs, à des déterminations de possibilités, dans un grand nombre de cas différents. La plupart de ces tableaux sont rejetés dans un *Appendice* à la fin du volume ; ils sont suivis d'un modèle de calepin pour balivage et estimation des coupes de taillis composés, et finalement de tarifs pour la conversion des anciennes mesures concernant les bois en mesures métriques et réciproquement.

Les *modes de vente* qui terminent le texte proprement dit, sont au nombre de trois. Bien qu'ils intéressent surtout le service forestier français, ils peuvent être utiles également aux particuliers propriétaires de bois ou à leurs régisseurs. Donnons-en l'indication sommaire.

Le mode le plus ordinaire, le plus normal, est la vente à forfait, soit par adjudication, soit de gré à gré, d'une étendue boisée déterminée, sauf les réserves convenues et sous certaines conditions propres à empêcher les abus et à rendre l'exploitation le moins dommageable possible, ou bien d'un nombre d'arbres spécialement désignés pour être abattus. Ce mode de vente convient surtout aux coupes de taillis simples ou composés comme aux coupes principales des bois traités en futaie.

Mais il est loin d'être toujours applicable aux coupes d'amélioration, qui sont avant tout des opérations culturales. S'il s'agit de desserrer un massif de jeune futaie, par exemple, où les sujets à abattre ne peuvent être judicieusement choisis qu'au fur et à mesure de l'exploitation, il est préférable de faire la dépense nécessaire pour effectuer la coupe soi-même par des bûcherons aux gages du propriétaire, et de vendre ensuite les produits après premier façonnage. Ce mode, toutefois, a le double inconvénient d'obliger le propriétaire à une avance de fonds et de le mettre ensuite à la merci possible de l'acheteur, le bois exploité ne pouvant rester longtemps sans emploi.

Pour remédier à ces graves inconvénients, on a imaginé, vers 1850, un troisième mode connu sous le nom de " vente par unité de marchandises " ou, plus exactement, " vente sur pied par unité de produits façonnés ". Il consiste, après avoir évalué les différentes natures de produits qui peuvent être réalisés avec les bois à abattre, et estimé la valeur marchande de l'unité de chacun d'eux (mètre cube de service ou d'industrie, cent de perches ou de fagotage, stère de bois de chauffage ou de charbonnette, etc.), à vendre les produits à provenir de la coupe à raison de tant pour cent en plus ou en moins du prix estimatif de l'unité. L'exploitation une fois terminée, c'est le dénombrement contradictoire des produits de chaque nature réalisés qui fait ressortir la somme à payer au propriétaire par l'exploitant.

Ce dernier mode n'est pas non plus sans inconvénients, loin de là; et le moindre d'entre eux n'est pas la complication qu'entraîne la multiplicité des produits avec les erreurs, les malentendus, voire les fraudes qui peuvent aisément s'y glisser. Aussi est-il prudent de ne l'employer que quand la vente sur pied à forfait est à peu près impossible.

Comme on a pu le voir par les deux analyses qui précèdent, le *Traité de sylviculture* et le *Cours de technologie forestière* sont deux ouvrages qui se complètent l'un par l'autre, ou mieux, dont le second est le complément du premier. Très complets dans l'ensemble, très savants dans le fonds en même temps que d'une grande clarté dans l'exposition, ces deux ouvrages placent du coup leurs auteurs au premier rang de la littérature forestière française, à côté des Mathieu, des Parade et des Lorentz.

Botanique, paléophythologie et agronomie forestières, par M. P. Fliche, professeur à l'École nationale forestière de Nancy. — Plus particulièrement : Un reboisement. *Étude botanique et forestière.* Mémoire in-8°, extrait des *Annales de la science agronomique française et étrangère.* 1888. Nancy, Berger-Levrault. — *Note sur les formes du genre* Ostrya. Mémoire in-8°, extrait du *Bulletin de la Société botanique de France,* 1888. Nancy, Berger-Levrault.

M. Fliche, professeur d'histoire naturelle à l'École forestière de Nancy, ne se contente pas d'y exercer avec distinction les attributions qui lui sont confiées ; chercheur infatigable et travailleur persévérant, il enrichit sans cesse la science de ses observations personnelles. C'est avant tout un botaniste distingué ; mais c'est aussi un paléophytologiste et un agronome forestier. C'est en plus un écrivain correct et de bon goût, au style littéraire et facile. Nombreux sont les " Mémoires „ et les " Notes „ publiés par lui dans différents recueils scientifiques et qui, tous, contiennent des observations et des vues originales, à moins qu'ils ne retracent les travaux de savants que la mort a fauchés.

Passons rapidement en revue ces écrits ; en jetant du jour sur les aptitudes variées de leur auteur, ils aideront à saisir l'importance des deux derniers Mémoires dont les titres figurent ci-dessus et sur lesquels nous voudrions appeler plus particulièrement l'attention.

En matière de botanique et de physiologie végétale, nous avons de M. Fliche une *Note sur l'étude de la nervation* des feuilles des arbres, publiée dans le Bulletin de la Société des sciences de Nancy, et une *Étude sur le* pin pinier, lue à la 15e session de l'Association française pour l'avancement des sciences (l'une et l'autre en 1886) ; puis quelques mémoires non datés, ou même sans indication d'origine, sur des *Bois* (orme, vigne, pin) *soumis à un enfouissement prolongé,* et enfin sur un insecte rhyncophore parasite du chêne, l'*Orchestes quercûs.* — La paléontologie végétale doit à notre auteur, premièrement deux Notes lues à l'Académie des sciences, l'une sur les *Lignites quaternaires de Bois-l'Abbé près Épinal* (Cf. *Comptes rendus,*

3 décembre 1883), l'autre sur les *Bois silicifiés de la Tunisie et de l'Algérie (Ibid.*, 1er oct. 1888) ; en second lieu une *Étude sur les tufs quaternaires de Resson,* publiée par le Bulletin de la Société géologique de France du 5 novembre 1883 ; puis une Note sur *Un nouveau* CYCADEOSPERMUM *du terrain jurassique moyen,* extraite du Bulletin de la Société des sciences de Nancy de mars 1883, et une autre sur les *Flores tertiaires des environs de Mulhouse,* présentée le 31 mars 1886 à la Société industrielle de cette ville ; enfin deux autres Notes, sans date ni indication d'origine, l'une sur la *Flore pliocène de Monte Mario* près de Rome, l'autre sur la *Flore de l'étage rhétien* (infralias) *aux environs de Nancy.*

Quant aux recherches agronomiques, elles semblent faire la base principale des travaux du laborieux professeur. Elles ont commencé avec la collaboration de M. Grandeau, directeur de la Station agronomique de l'est, qui enseigne aux élèves de l'École de Nancy les notions d'agriculture nécessaires à la bonne gestion du domaine forestier : on doit à cette collaboration cinq ou six Mémoires intitulés respectivement : *Influence de la composition chimique du sol sur la végétation du* PIN MARITIME ; — Item *sur la végétation du* CHATAIGNIER ; — *Recherches chimiques sur la composition des feuilles d'âges et d'espèces différents ;* — Item *sur la composition des feuilles du* PIN NOIR D'AUTRICHE (ces quatre mémoires publiés en 1878 par les Annales de la Station agronomique de l'est) ; — *Recherches chimiques sur les Papillonacées ligneuses* (publiées en 1879 par les Annales de chimie et de physique) ; — *Recherches chimiques et physiologiques sur la* BRUYÈRE COMMUNE (Calluna vulgaris) (1). M. Fliche a également publié une Note sur une *Substitution ancienne d'essences forestières* aux environs de Nancy, dans le Bulletin de la Société des sciences de cette ville, année 1886, et une autre sur la *Végétation des tourbières dans les environs de Troyes* (2).

Nous avons dit que, chez notre auteur, le savant est doublé d'un écrivain ; la preuve en est dans un discours de réception prononcé à l'Académie de Stanislas à la séance publique du 20 mai 1880, et dans une notice nécrologique publiée par cette même académie en 1886. Le discours consistait en une *Étude sur J.-B. Mougeot,* à l'occasion de laquelle l'auteur a retracé l'historique complet de la marche et des progrès de la botanique en Lorraine. La Notice est une biographie développée sur l'illustre

(1) Ce dernier mémoire paraît être de 1887. Toutefois, ni sa date, ni l'indication du recueil où il a été publié ne sont données sur le tiré à part.

(2) Date et mode de publication également non indiqués.

naturaliste *Godron, sa vie et ses travaux*, dans laquelle l'auteur, après avoir retracé à grands traits la vie privée et la carrière scientifique de son héros, fait ressortir la haute portée philosophique et partant spiritualiste de ses travaux, et cela en des termes qui ne font pas moins d'honneur au biographe qu'au savant même dont il retrace l'histoire.

Tels sont les principaux travaux publiés par le naturaliste, dont il reste à analyser rapidement les deux derniers mémoires. Le premier et le plus important expose le résultat d'une longue série d'observations sur une petite forêt de 300 et quelques hectares, de création relativement récente pour la plus grande partie, mais dans laquelle quelques parcelles (70 hect. environ en 18 ou 20 lambeaux) proviennent de bois anciens. Assis sur un plateau composé d'argiles et de sables tertiaires, mais déchiré par des ravins et dépressions qui mettent à nu les calcaires friables de l'étage crétacé, ce massif, connu sous le nom de *Bois de Champfêtu*, est situé dans le département de l'Yonne, à 15 kilomètres à l'ouest de Sens. C'est au commencement du siècle actuel qu'on a tenté de boiser toute la partie de la propriété qui avait été précédemment cultivée. On le fit d'abord sans discernement quant à l'appropriation des essences aux différences tant de constitution minéralogique que de condition physique des sols ; il s'ensuivit naturellement des insuccès partiels. De tâtonnements en tâtonnements on parvint cependant à mettre en nature de bois la propriété tout entière. Mais il résulta de cette lente opération, où l'action de l'homme et de la nature se fit sentir soit à tour de rôle, soit simultanément, s'aidant ou se contrariant suivant les cas, un ensemble de phénomènes physiologiques et botaniques dont la sagacité observatrice et patiente de notre auteur a su faire le relevé le plus détaillé et le plus précis. Il a notamment constaté le rôle considérable joué par les lombrics, voire par les mulots, les taupes et autres animaux fouisseurs, dans la bonne constitution de la terre végétale ; l'influence favorable des vieux bois, c'est-à-dire d'un long état boisé, sur l'amélioration du sol ; la lutte des essences entre elles, les unes s'implantant d'elles-mêmes dans des peuplements de main d'homme pour s'y substituer à celles qu'on y avait introduites, après avoir toutefois bénéficié de l'abri fourni préalablement par celles-ci ; des phénomènes analogues se produisant parmi les plantes herbacées, qui offrent une flore toute différente et d'ailleurs beaucoup plus riche dans les vieux bois que dans les nouveaux, et qui modifient leur composition suivant celle du peuplement forestier lui-même, ou bien s'excluent ou se prêtent mutuellement appui tout de même que les végétaux ligneux. Enfin il met en relief, d'une manière irréfragable, cette vérité à laquelle toute notre carrière forestière (soit dit par parenthèse) nous a donné créance, à savoir que les arbrisseaux et les arbustes, ce qu'en terme de métier on appelle les *morts-bois,* loin d'être en soi, comme le préjugé en a prévalu longtemps, nuisibles aux essences arborescentes et de jouer vis-à-vis d'elles le rôle de ce qu'on est convenu d'appeler en horticulture les *mauvaises herbes,* remplissent au contraire un emploi utile, soit en offrant un abri précieux à certains arbres durant la première période de leur développement, soit en couvrant le sol et en l'abritant contre l'insolation en attendant que le développement de la haute végétation forestière ait acquis une amplitude suffisante.

Bien d'autres considérations d'ordre plus exclusivement botanique ressortent des faits observés dans le bois de Champfêtu. Ce n'est pas le lieu de les développer ici. Mieux vaut utiliser la place qui nous reste à dire quelques mots de la *Note sur les formes du genre* OSTRYA. Les arbres du genre *Ostrya* sont très voisins de ceux du genre *Charme (*CARPINUS, *Lin.)* ; ils en ont l'aspect, le port, le feuillage, et leur bois offre également les qualités et les usages de celui du Charme. Ils en diffèrent par la disposition de leurs fruits qui, au lieu se grouper en grappes lâches et pendantes, se réunissent en une sorte de cône ovoïde qui présente une grande analogie de forme avec le strobile du houblon. Aussi le bon public, peu initié aux subtilités de la classification, a-t-il fait de l'Ostrya tout simplement une espèce particulière du Charme, sous la dénomination expressive de *Charme-houblon.* En fait, combien de fois n'arrive-t-il pas que deux espèces, classées bien et dûment dans un même genre, diffèrent plus entre elles que, entre eux, le genre *Carpinus* et le genre *Ostrya !* Quoi qu'il en soit, M. Fliche a étudié les différentes formes de ce dernier et leurs stations géographiques, l'une sur le littoral nord, ouest et est de la Méditerranée (de Nice et de la Corse, peut-être des côtes d'Espagne, jusqu'en Arménie et au Liban) ; l'autre dans l'Amérique du Nord, à l'est des Montagnes Rocheuses, entre le Nouveau-Brunswick au nord, et la province mexicaine de Jalapa au sud. De cette étude il résulte que les formes actuelles de l'Ostrya, *O. carpinifolia, O. virginica, O. corsica, O. genuina,* ne présentent que les différences constitutives des simples variétés, tout au plus des races, et ne doivent pas être spécifiquement séparées. Pour trouver des types spécifiquement distincts, il faut étendre les recherches jusqu'à la botanique fossile. Encore les formes fossiles (tertiaires) de l'Ostrya se rapprochent-elles intimement de l'Ostrya d'Amérique, *O. virginica,* qui lui-même " ne diffère certainement pas plus de l'ensemble des formes européennes que les *Ostrya* obtenus en Corse des formes continentales de France ou d'Italie. " Appuyé sur les beaux travaux du marquis de Saporta relativement aux migrations des espèces aux temps géologiques, M. Fliche explique la séparation des deux stations ou aires d'habitation de l'Ostrya par la présence constatée de ce genre dans les couches miocènes des régions polaires : c'est de là qu'il a " rayonné sur les deux continents. "

Nous inclinerions volontiers, quant à nous, et pour plus de simplicité, à faire comme le bon public, et à considérer l'Ostrya comme un simple congénère du Charme.

www.ingramcontent.com/pod-product-compliance
Ingram Content Group UK Ltd.
Pitfield, Milton Keynes, MK11 3LW, UK
UKHW020949180726
13838UKWH00003B/1217